FORSCHUNGSBERICHTE DES LANDES NORDRHEIN-WESTFALEN

Nr. 1659

Herausgegeben
im Auftrage des Ministerpräsidenten Dr. Franz Meyers
vom Landesamt für Forschung, Düsseldorf

DK 621.742.42:539.4.01
621.744.36

Prof. Dr.-Ing. Wilhelm Patterson
Dr.-Ing. Dietmar Boenisch

Gießerei-Institut der Rhein.-Westf. Techn. Hochschule Aachen

Die Wasserbindung an Tonen und ihre Bedeutung
für die Festigkeit des Gießereiformsandes

WESTDEUTSCHER VERLAG · KÖLN UND OPLADEN 1966

ISBN 978-3-663-06145-8 ISBN 978-3-663-07058-0 (eBook)
DOI 10.1007/978-3-663-07058-0

Verlags-Nr. 011659

© 1966 by Westdeutscher Verlag, Köln und Opladen

Gesamtherstellung: Westdeutscher Verlag

Inhalt

1. Formsande 7
2. Festigkeitsarten 8
3. Einfluß von Feuchtigkeit und Temperatur 10
4. Einfluß von Feuchtigkeit und Ionenbelegung (Aktivierung) 12
5. Theorie der Wasserbindung 16
6. Oberflächenbindung und Brückenbindung 18
7. Festigkeitstheorie 20
8. Quellung des Bentonits und Sandfestigkeit 23
9. Warm- und Naßfestigkeit 28
10. Kationeneinfluß auf die Brückenbindung 29
11. Zusammenfassung 33
    Literaturverzeichnis 35

1. Formsande

Die überwiegende Mehrzahl der Gießereiformsande besteht aus Quarzsand, der das feuerfeste Skelett darstellt, Ton und Wasser. Der Tonanteil richtet sich nach seiner Klebekraft und den betrieblichen Anforderungen an den Sand.

Bindetone sind im allgemeinen Mischungen aus unterschiedlichen Tonmineralen und Akzessorien. Die Klebekraft reiner Tonminerale steigt als Funktion ihrer spezifischen Oberfläche in folgender Reihenfolge [1]: Illit $<$ Kaolinit $<$ Fireclay $<$ Glaukonit $<$ Montmorillonit.

In der Gießereiindustrie werden Natursande und synthetische Sande verwendet. Erstere enthalten als Bindetone Illit, Kaolinit, Fireclay, Glaukonit, letztere Bentonit. Nach DIN 52403 wird ein Bindeton mit mehr als 75% Montmorillonit als Bentonit bezeichnet.

Ein guter Formsand soll seinen Tonanteil in Form eines gleichmäßigen, die Sandkörner allseitig umschließenden Binderfilms enthalten. Die Sandkornumhüllung erfolgt durch eine Aufbereitung vorwiegend in Kollergängen.

Eine der wichtigsten Formstoffeigenschaften ist die Festigkeit, die feuchte, tongebundene Sande durch eine Verdichtung erhalten. Die Festigkeit entsteht durch eine Verklebung der Tonhüllen entlang der Kornberührungsstellen. Sie bestimmt die mechanische Haltbarkeit der Form vor und während des Abgusses und ist daher für Maßgenauigkeit und Fehlerfreiheit des Gußstücks verantwortlich. Die Festigkeitsprüfung gehört deshalb zu den wichtigsten laboratoriumsmäßigen Formsandprüfverfahren. Es werden Gründruck- und Grünscherfestigkeit nach DIN 52401 gemessen.

Eine weitere wichtige Sandeigenschaft ist die Bildsamkeit. Ein Formsand soll gut bildsam und zugleich gut fließfähig sein, damit er sich während einer Verdichtung konturenscharf an das Modell anlegen und damit einen maßgenauen Abguß liefern kann.

Im ersten Teil dieser Arbeit sollen Einflußgrößen und Zusammenhänge feuchter Formsande beschrieben werden. In einem zweiten Teil wird der Versuch unternommen, die Ursachen der Tonbindung im Formsand darzustellen. Die wichtigsten Einflußgrößen sind Sandfeuchtigkeit, Sandtemperatur sowie Güte und Ionenbelegung des Bindetones.

2. Festigkeitsarten

Die heutige Formstoffprüfung grüner, d. h. feuchter Sande beschränkt sich auf die Bestimmung der Druck- und Scherfestigkeit. Eine mangelhafte Zugfestigkeit kann aber eher zu Form- und Gußfehlern führen als eine nicht ausreichende Druckfestigkeit. Das Verhältnis Druck-/Zugfestigkeit kann für verschiedene Sande verschieden sein. Die in dieser Arbeit dargestellten Beispiele sind ausnahmslos Zugfestigkeitsdiagramme, weil die Zugfestigkeit die wichtigste Festigkeitsart ist.

Die Grünfestigkeit, das ist die Festigkeit feuchter und kalter Sande von Raumtemperatur, genügt nicht, um die Formfestigkeit zu beschreiben. Durch die Aufheizung der Formoberflächen durch das Gießmetall gewinnen weitere Festigkeitsarten hervorragende Bedeutung: die Warm- und Naßfestigkeit [1], [2], [3]. Diese sind niedriger als die Grünfestigkeit und können durch zu geringe Größe viele Gußfehlerarten verursachen.

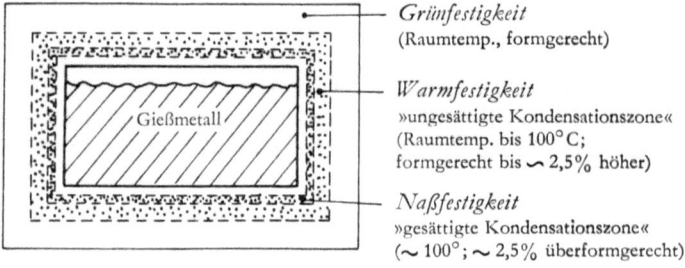

Abb. 1   Zonen verschiedener Festigkeit in einer Sandform während der Formfüllung

Die Abb. 1 zeigt einen schematischen Querschnitt durch eine Grünsandform während der Formfüllung. Die Gießhitze erzeugt in das Innere der Formwände hinein einen sich ständig ändernden Temperaturgradienten, wodurch Zonen verschiedener Festigkeitsarten entstehen. Die Formoberflächenschichten trocknen aus, deren Feuchtigkeit durchstreift als Wasserdampf den körnigen, porösen Formstoff und kondensiert in kälteren, dicht unter der Formoberfläche und parallel zu dieser liegenden Sandschichten. An die trockene Formoberflächenschicht grenzt also in Richtung des Temperaturgefälles eine schmale, gesättigte Feuchtigkeitskondensationszone, an diese eine breitere, im Aufbau begriffene ungesättigte Kondensationszone, die schließlich in den noch kalten, grünen Formsand übergeht. Die gesättigte Kondensationszone ist als Folge der freigesetzten Kondensationswärme gleichmäßig auf 100° C erwärmt und um ungefähr 2,5% gegenüber der Ausgangsfeuchtigkeit übernäßt worden. Der Feuchtigkeitszuwachs hängt von der Ausgangstemperatur des Sandes und der spezifischen Wärme seiner Bestandteile ab. Der Feuchtigkeitszuwachs wird in dieser Arbeit zur Vereinfachung mit einem Mittelwert von etwa 2,5% angegeben, kann aber in einzelnen Fällen von diesem Wert etwas abweichen [1]. Die Festigkeit in der Kondensationszone wird als Naßfestigkeit bezeichnet. Die ungesättigte Kondensationszone weist von der 100°C warmen gesättigten Zone bis zum kalten Formsand ein stetiges Wärme- und Feuchtigkeitsgefälle auf. Hier liegen die Zonen unterschiedlicher Warmfestigkeit. Eine Form besitzt also während des Abgusses keine einheitliche Festigkeit mehr. Hinter der trockenen und heißen und im allgemeinen festen Formoberfläche liegen praktisch unendlich viele Sandschichten unterschiedlicher Warmfestigkeit. Die Naßfestigkeit der Kondensationszone ist unter bestimmten Voraussetzungen die Warmfestigkeit bei 100°C. Sie ist die niedrigste Festigkeit im ganzen Formquerschnitt und deshalb eine wichtige Fehlerquelle. Sandausdehnungsfehler z. B. entstehen durch Ablösen der heißen und durch Quarzausdehnung verspannten Formoberflächenschichten entlang der Kondensationszone, wenn deren Naßfestigkeit zu niedrig ist. Dieser Vorgang wird als »Schalenbildung« [2] bezeichnet. Die wichtigsten Sandausdehnungsfehler sind Schülpen, Riefen, Rattenschwänze, Hohlkehlen, Blattrippen und Formbruch.

Die Naßfestigkeit kann in einfacher Weise verändert werden. Damit hat der Gießer die Möglichkeit, Sandausdehnungsfehler zu vermeiden. Die Naßfestigkeit ist mit einem Laborprüfgerät schnell und sicher zu ermitteln. Ein feuchter Formsandprüfkörper nach DIN 52401 wird oberflächlich erhitzt. Dadurch entsteht in diesem ein Temperaturgefälle und wie in der Sandform unter Gießbedingungen eine Feuchtigkeitskondensationszone. Der Prüfkörper reißt unter Zugbeanspruchung automatisch in der Kondensationszone. Die Bruchlast wird als Naßzugfestigkeit in $p \cdot cm^{-2}$ angegeben [1], [3], (Abb. 2).

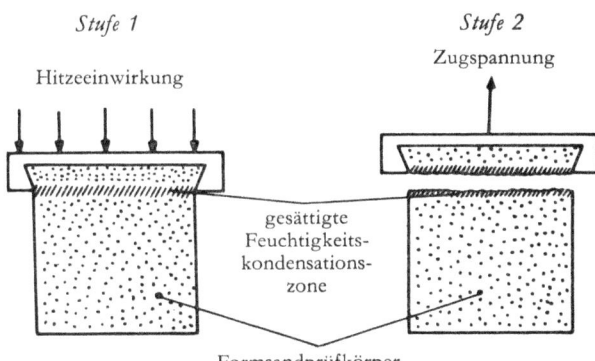

Abb. 2 Naßzugfestigkeitsprüfung (schematisch)

3. Einfluß von Feuchtigkeit und Temperatur

Alle Festigkeitswerte, die in dieser Arbeit als Beispiele angegeben sind, wurden an einem synthetischen Formsand aufgenommen. Er enthielt auf 100 Teile eines Halterner Quarzsandes mit einer Hauptkorngröße von 0,1 bis 0,2 mm fünf Gewichtsteile Calciumbentonit aus Mainburg mit 75% Montmorillonit.

In Abb. 3 sind Grün-, Warm- und Naßfestigkeitskurven gegen die Sandfeuchtigkeit dargestellt.

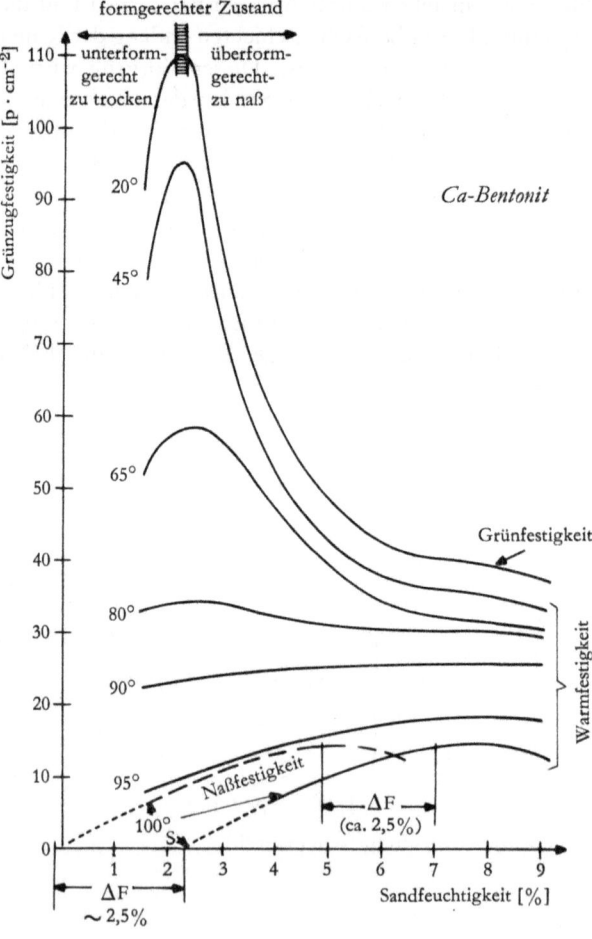

Abb. 3 Formsandfestigkeit als Funktion von Temperatur und Feuchtigkeit
(Formsande mit fünf Teilen Ca-Bentonit mit 75% Montmorillonit)

Die Warmfestigkeitskurven in Abb. 3 wurden an im Wasserbad vorsichtig erwärmten Prüfkörpern aufgenommen. Oberhalb von etwa 70°C tritt eine starke Wasserverdampfung auf, so daß die Prüfung nur mittels einiger Kunstgriffe möglich war [1]. Ein 100°C warmer Sand konnte nicht mehr nach dieser Methode geprüft werden. Seine Festigkeitswerte können aber durch Naßfestigkeitsprüfung unter Berücksichtigung der in der Kondensationszone höheren Wassergehalte ermittelt werden.

Die Grünfestigkeit steigt bei niedrigen Formsandfeuchtigkeiten steil an und fällt zu höheren ab. Der Höchstwert der Grünzugfestigkeitskurve tritt bei dem sogenannten formgerechten Zustand auf, in Abb. 3 bei 2,3% Feuchtigkeit. Der formgerechte Zustand ist der Zustand bester Verarbeitbarkeit des Sandes. Er wird von der Praxis fast ausnahmslos zur Formenherstellung angestrebt. Unterformgerechte Sande sind zu trocken und rieseln leicht, überformgerechte Sande sind zu naß und neigen zu verstärktem Kleben an Modellen. Der formgerechte Wassergehalt kann bei einiger Erfahrung mittels Handprobe auf $\pm 0,1\%$ Feuchtigkeit reproduzierbar eingestellt werden. Es gibt noch kein zuverlässigeres Prüfverfahren. Formgerechter Wassergehalt und Wassergehalt des Höchstwertes der Grünzugfestigkeit fallen wie in Abb. 3 nur bei reinen Sand–Ton-Mischungen zusammen, selten aber bei praktischen Sandmischungen, die weitere Zusatzstoffe wie Kohlenstaub, Holzmehl, Quellbinder usw. enthalten.

Die Warmfestigkeit nimmt mit steigender Sandtemperatur ab; die Warmfestigkeitskurven liegen zunehmend tiefer. Das Festigkeitsmaximum des formgerechten Sandes wird mit zunehmender Sandtemperatur weniger ausgeprägt und geht ab etwa 80°C vollständig verloren. Dafür entsteht hier ein weiteres, wenn auch schwächeres Maximum, das aber bei sehr viel höheren Sandfeuchtigkeiten liegt, etwa bei dreifach formgerechtem Zustand bei 7%. Offenbar erfolgt bei zunehmender Erwärmung eines feuchten Sandes ein Wechsel der Gesetzmäßigkeiten. Die Festigkeit kälterer Sande fällt mit zunehmender Überschreitung des formgerechten Wassergehaltes ab, die Festigkeit nahe 100°C warmer Sande aber steigt an. Es fällt auf, daß die Verlängerung der Warmfestigkeitskurve von 100°C die Feuchtigkeitsachse im vormals formgerechten Zustand bei 2,3% Feuchtigkeit schneidet (Schwellenwert S in Abb. 3). Die Grünfestigkeit des formgerechten Sandes sinkt also bis 100°C auf den Wert Null ab.

In Abb. 3 sind für 100°C zwei weitere Festigkeitskurven eingezeichnet: die gestrichelte Naßfestigkeitskurve und die durchgezogene Warmfestigkeitskurve. Die Warmfestigkeitskurve ist die um den Feuchtigkeitsbetrag ΔF von etwa 2,5% nach rechts verschobene Naßfestigkeitskurve. Die Naßfestigkeit ist also die Festigkeit eines 100°C warmen Sandes, wird aber stets für den Ausgangswassergehalt vor der oberflächlichen Erhitzung (Abb. 2) angegeben. Der zum Zeitpunkt der Prüfung vorhandene höhere Wassergehalt wird im allgemeinen nicht berücksichtigt. Die Naßfestigkeit bei 2% Feuchtigkeit z. B. beträgt $8 \, p \cdot cm^{-2}$, der gleiche Festigkeitswert ist aber die Warmfestigkeit bei 100°C und etwa 4,5% Sandfeuchtigkeit ($2\% + \Delta F = 4,5\%$).

4. Einfluß von Feuchtigkeit und Ionenbelegung (Aktivierung)

Grün- und Naßfestigkeit und mit dieser die Warmfestigkeit von 100°C sind mit laboratoriumsmäßigen Prüfverfahren schnell und einfach zu ermitteln. Nachfolgende Versuchsergebnisse sollen den Einfluß der Ionenbelegung des Bentonits auf diese Festigkeitsarten erkennen lassen. Die Warmfestigkeiten zwischen Raumtemperatur und 100°C sind Übergangsfestigkeiten von der Grün- zur Naßfestigkeit (Abb. 3) und sind für die weiteren Überlegungen daher nicht mehr notwendig.

Sandmischungen beschriebener Zusammensetzung wurden im Kollergang mit verschiedenen Sodamengen einige Minuten feucht aufbereitet. Dadurch erfolgt am Ca-Bentonit ein Ioneneintausch von Na^+ [5]. In Abb. 4 sind Grün- und Naßfestigkeitskurven gegen die Sandfeuchtigkeit dargestellt. Kurvenparameter ist die zugesetzte Na^+-Menge.

Die Grünfestigkeit fällt im überformgerechten Bereich, wie bereits in Abb. 3 dargestellt, ab; durch Calciumbentonit (Ausgangszustand) stark und durch Natriumbentonit (75 mval Na^+/100 g Bentonit) nur wenig. Durch Zusatz einer größeren als der Ionenaustauschfähigkeit des Bentonits (hier 75 mval/100 g Bentonit) entsprechenden Na^+-Menge wird die Festigkeitsminderung wieder stärker. Die sogenannte »Wasserempfindlichkeit« hängt von der Ionenbelegung ab [6]. Ein Maß für die Wasserempfindlichkeit ist die Festigkeitsminderung zwischen zwei höheren Sandfeuchtigkeiten. Der Unterschiedsbetrag der Grünfestigkeit zwischen z. B. 3% und 7% Feuchtigkeit wurde den Kurven aus Abb. 4a entnommen und in Abb. 5 der zugesetzten Na^+-Menge gegenübergestellt. Die Kurve der Wasserempfindlichkeit durchläuft bei 75 mval einen Niedrigstwert. Der Na-Bentonit hat also die geringste Wasserempfindlichkeit, die von unter- oder überaktivierten Bentoniten ist größer. Statt der Wasserempfindlichkeit kann Abb. 4a auch direkt die Festigkeit bei dreifach formgerechtem Wassergehalt (hier 7% H_2O) entnommen werden. Eine Darstellung dieser Festigkeitswerte gegen den Sodazusatz ergibt einen Kurvenzug, der zur Kurve der Wasserempfindlichkeit spiegelbildlich verläuft (Abb. 5). Eine hohe Wasserempfindlichkeit bedeutet eine niedrige Festigkeit übernäßter Sande und umgekehrt.

Die Abb. 4a beweist also einen starken Einfluß der Ionenbelegung auf die Grünfestigkeit überformgerechter Sande, läßt aber keinen eindeutigen Einfluß bei formgerechter Feuchtigkeit erkennen. Die Naßfestigkeit formgerechter Sande (Abb. 4b) wird aber stark von der Ionenart bestimmt, indem sie bis zur Vollaktivierung ansteigt und durch Überaktivierung wieder fällt. Die Naßfestigkeitswerte der formgerechten Sande wurden Abb. 4b entnommen und in Abb. 5 gegen den Sodazusatz dargestellt. Es entsteht eine sogenannte Aktivierungskurve [1]. Sie verläuft zur Kurve der Grünzugfestigkeiten nasser Sande nahezu parallel.

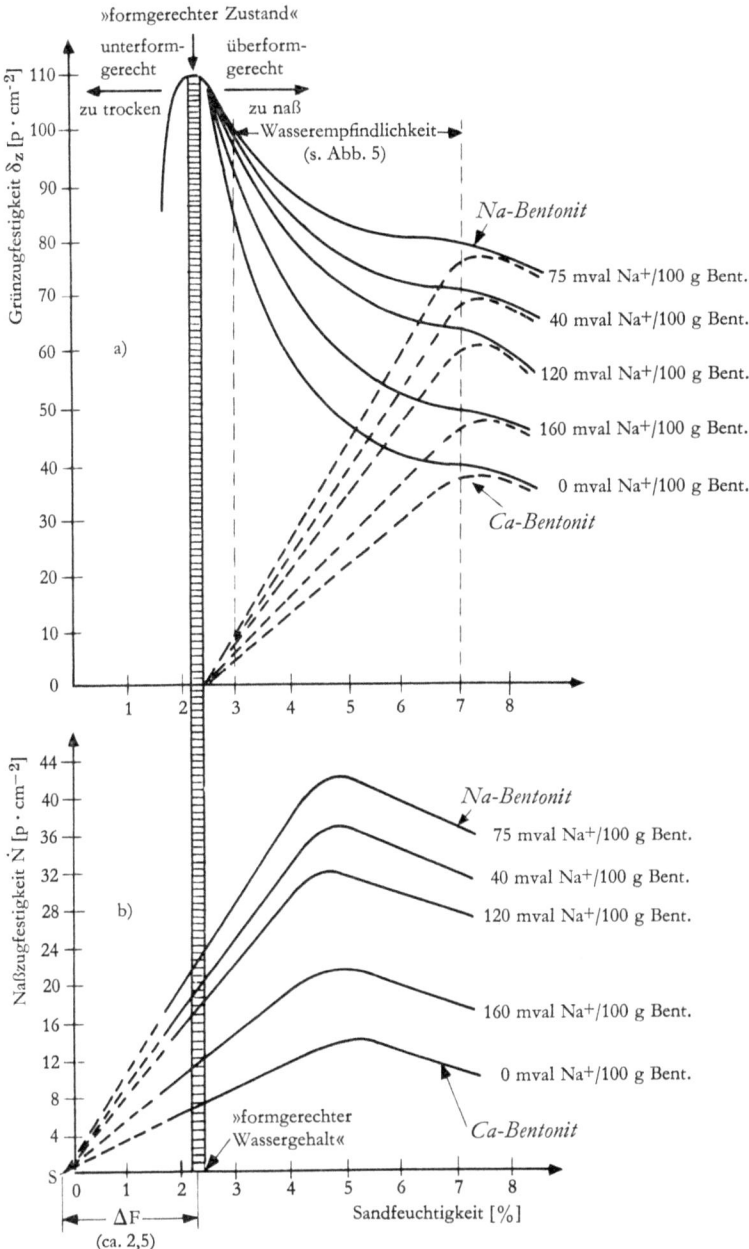

Abb. 4 Änderung von Grünzug- und Naßzugfestigkeit mit der Formsandfeuchtigkeit und steigender Sodaaktivierung
(Formsande mit fünf Teilen Ca-Bentonit mit 75% Montmorillonit)

Unter- und überaktivierte Sande haben geringere Naßfestigkeitswerte als vollaktivierte. Der Verlauf der in Abb. 5 dargestellten Kurven läßt für alle drei Eigenschaften die Wirkung einer gemeinsamen Einflußgröße erkennen, die später als Brückenbindung beschrieben wird.

Die Naßfestigkeitswerte sind in Abb. 4b wie üblich über der Ausgangsfeuchtigkeit des kalten Sandes vor der Prüfung und nicht über dem tatsächlichen Wassergehalt der Kondensationszone dargestellt. Stellt man sich das gesamte Kurvenfeld aus Abb. 4b um den Feuchtigkeitszuwachs in der Kondensationszone (ΔF etwa 2,5%) nach rechts verschoben vor, werden aus den Naßfestigkeitskurven Warmfestigkeitskurven von 100°C, die dann mit den Grünfestigkeitskurven verglichen

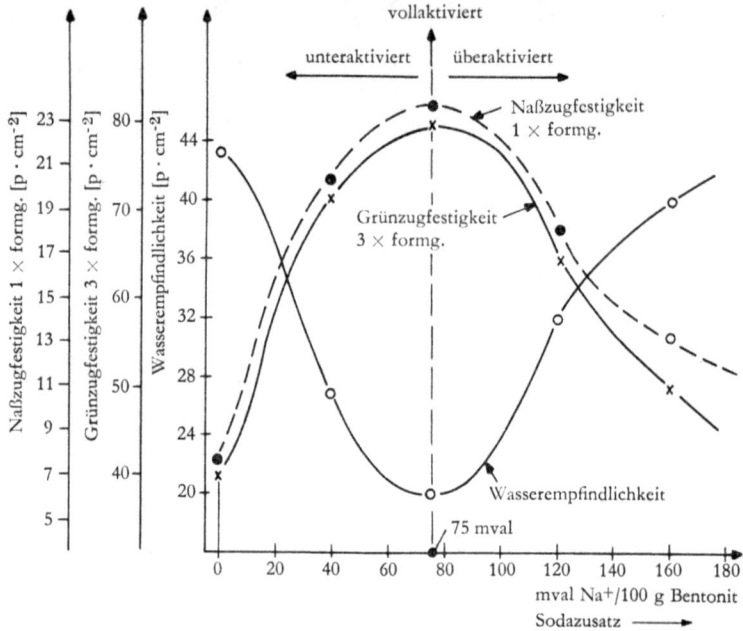

Abb. 5 Änderung von Wasserempfindlichkeit (= Festigkeitsabnahme zwischen 3% und 7% Feuchtigkeit), Grünzugfestigkeit im dreifach und Naßzugfestigkeit im einfach formgerechten Zustand mit zunehmender Aktivierung (Formsand mit fünf Teilen Ca-Bentonit mit 75% Montmorillonit)

werden können. Der gemeinsame Schnittpunkt der zur trockenen Seite hin verlängerten Naßfestigkeitskurven (Schwellenwert S in Abb. 4b) liegt auf der Abszisse und nach der Kurvenverschiebung bei dem Wassergehalt, der dem formgerechten der Grünfestigkeitskurven entspricht. Es zeigt sich also auch hier die gleiche Gesetzmäßigkeit wie in Abb. 3, daß nämlich die hohen Grünfestigkeiten der formgerechten Sande durch Erwärmung auf 100°C auf Null zurückgehen. Die Naßfestigkeit formgerechter Sande aber ist deshalb stets ein endlicher Wert, weil sie die Warmfestigkeit überformgerechter Sande ist.

Nach Abb. 4 fallen alle Grünfestigkeiten vom formgerechten Wassergehalt an ab, dagegen steigen alle Warmfestigkeiten von 100°C, ausgehend von Null bei formgerechtem Wassergehalt, bis zu einem Höchstwert im etwa dreifach formgerechten Wassergehalt. Der Grünfestigkeitsabfall in diesem Feuchtigkeitsbereich ist für Natriumbentonit gering, der Warmfestigkeitsanstieg aber stark.

Für Calciumbentonit trifft das Gegenteil zu. Entsprechend dem Mengenverhältnis von Calcium- und Natriumionen auf Tonoberflächen nehmen die Festigkeitskurven entsprechende Zwischenlagen ein. Im überformgerechten Bereich scheint also auf beide Festigkeiten eine Bindungsart einzuwirken, die stark ionenabhängig ist.

5. Theorie der Wasserbindung

Bisher wurde an einigen Beispielen der Einfluß von Sandfeuchtigkeit, Sandtemperatur sowie Na^+- bzw. Ca^{2+}-Belegung des Tones auf Grün-, Warm- und Naßfestigkeit beschrieben. Nachfolgend wird der Versuch unternommen, diese Gesetzmäßigkeiten zu erklären.
Tonteilchen halten an ihren Oberflächen Kationen sorptiv gebunden. Die Kationenmenge ist im allgemeinen eine Funktion der spezifischen Tonoberfläche und damit beim Bentonit am größten [1]. Die Bindung der Kationen an den Tonteilchen ist schwach, so daß durch Angebot geeigneter Elektrolyte ein Ionenaustausch (»Aktivierung«) möglich ist [5].
Tonteilchen und Ionen sind von elektrischen Kraftfeldern umgeben, die Wasserdipole richten und zu Wassernetzen binden können. Die Feldstärke nimmt mit zunehmendem Abstand von der Kraftquelle schnell ab, so daß nahe am Tonteilchen oder Kation liegende Dipole stärker gebunden sind als weiter entfernte. Orientiertes, gebundenes Wasser wird »feuchtes« Wasser genannt, seine Feuchtigkeit nimmt mit zunehmender Entfernung vom Teilchen oder Kation zu und wird nach Überschreitung der Feldgrenze »flüssig«. Flüssiges Wasser ist frei beweglich und nicht mehr an Teilchen oder Kationen gebunden. Über die Struktur der Wassernetze sind mehrere Vorschläge bekannt; auf sie soll hier nicht näher eingegangen werden.
Das Quellverhalten der Tone scheint für die Formsandfestigkeiten von besonderer Bedeutung zu sein. Quellfähige Tonminerale, insbesondere Montmorillonit, quellen innerkristallin durch Vergrößerung des Abstandes d_{001} ihrer Elementarschichten durch Aufnahme von Quellungswasser und interkristallin durch Umschichten der Primärteilchen mit Adsorptionswasser. Primärteilchen sind Schichtpaketstöße. Sogenannte nichtquellfähige Tonminerale, z. B. Kaolinit, quellen allein durch Bindung von Wasserdipolen auf den Primärteilchen. Quellungswasser und Adsorptionswasser sind feuchtes, also gebundenes Wasser. Inner- und interkristallines Quellen führen zu einem steigenden Teilchenabstand – dort der Schichtpakete, hier der Primärteilchen.
Die Versuche dieser Arbeit wurden ausschließlich mit bentonitgebundenen Sanden durchgeführt. Die nachfolgend beschriebene Theorie der Wasserbindung wird daher auch am Beispiel des quellfähigen Bentonits mit Na^+- und Ca^{2+}-Belegung entwickelt. Es kann noch nicht mit Sicherheit angegeben werden, ob sie auch in gleicher Weise für nicht quellfähige Tone gelten kann. Einige Beobachtungen sprechen dafür, z. B. die gleichartigen Festigkeitsänderungen durch nicht quellfähige und quellfähige Bindetone (Kaolinit und Glaukonit bzw. Bentonit) bei verschiedenen Sandfeuchtigkeiten, Sandtemperaturen und nach einer Aktivierung [1]. Dann müßte der Wasserbindung am und nicht im Primärteilchen die größere

Bedeutung für die Formsandfestigkeiten zukommen und die innerkristalline und interkristalline Quellung ähnlichen Gesetzmäßigkeiten unterliegen.

Die wichtigste Annahme der Festigkeitstheorie ist das Einwirken zwei verschiedener Bindungsarten. Beide wirken in verschiedenen Feuchtigkeitsbereichen. Die Formsandfestigkeiten bis etwa zum formgerechten Zustand (Ton–Wasser-Verhältnis etwa 10:4) sollten durch elektrostatische, van-der-Waalssche Anziehungskräfte zwischen benachbarten Tonteilchen oder Ton- und Sandteilchen und deren Verkettung durch orientierte Wassernetze bedingt sein. Diese behindern ein Abgleiten der Teilchen gegeneinander entgegen einer äußeren Krafteinwirkung, wodurch die Formsandfestigkeit zustande kommt.

Die vergleichsweise geringeren Festigkeiten überformgerechter Sande aber könnten durch Verkettung der Teilchen über Hydrathüllen der Ionen zustande kommen, wenn der Teilchenabstand durch Quellung zu groß geworden und eine elektrostatische Anziehung nicht mehr möglich ist.

Die Sandfeuchtigkeit kann in den die Teilchen umschließenden Wasserschichten als Schichtwasser und in den Hydrathüllen der Ionen als Hydratwasser enthalten sein. Beide Wasserarten, Schicht- und Hydratwasser, müssen getrennt betrachtet werden, um die verschiedenen Festigkeitsarten und ihre Gesetzmäßigkeiten deuten zu können.

6. Oberflächenbindung und Brückenbindung

Die Bindung zwischen Teilchen durch Schichtwasser soll als Oberflächenbindung, die durch Hydratwasser als Brückenbindung bezeichnet werden. Die Oberflächenbindung vollzieht sich direkt zwischen benachbarten Teilchenoberflächen über stark oder schwach geordnete Netze aus feuchtem Wasser, ist also bei Zwischenlagerung von flüssigem Wasser nicht möglich. Für diese Bindung ist die Gegenwart adsorbierter Kationen nicht erforderlich. Brückenbindung entsteht zwischen benachbarten Tonteilchen über die Hydrathüllen ihrer adsorbierten Kationen, die als Brücken aus feuchtem Wasser auch durch bereits flüssiges Oberflächenwasser (Schichtwasser) hindurchragen können und damit noch spürbare Festigkeiten bewirken.

Die wichtigsten Unterschiede zwischen Oberflächen- und Brückenbindung sind:

1. Ihre Wirkungsstärke ist stark verschieden. Der Festigkeitsbeitrag durch Oberflächenbindung ist erheblich größer, weil seine Wirkungsfläche viel größer ist. Die adsorbierten Kationen nehmen flächenmäßig nur einen geringen Teil der Tonoberfläche ein. So wurde z. B. für das NH_4^+-Ion eine 10%ige Flächenbedeckung errechnet [7].

2. Beide Bindungsarten entwickeln ihre höchste Wirkungsstärke in stark verschiedenen Feuchtigkeitsbereichen. Die Oberflächenbindung ist bei formgerechtem Wassergehalt (Ton–Wasser-Verhältnis etwa 10:4) am größten und fällt bis zum dreifach formgerechten Zustand auf Null ab. Die Wirkungsstärke der Brückenbindung aber ist im formgerechten Zustand Null und steigt zum dreifach formgerechten (Ton–Wasser-Verhältnis etwa 10:12) auf ihren Höchstwert an. Erst bei noch höheren Feuchtigkeitsgehalten wird die Brückenbindung geringer. Man sollte die mit dem Wassergehalt stärker werdende Brückenbindung im Formsand entgegen einer früheren Ansicht [1] aber nicht mit einer ständig wachsenden Bindungsstärke der einzelnen Wasserbrücken deuten. Die Brückenbindung am Tonteilchen dürfte eher plötzlich nach einem Quellungssprung in voller Stärke einsetzen. Der gleichmäßige Anstieg der Brückenbindung im Formsand erfolgt dann durch eine mit dem Wassergehalt zunehmende Teilchenzahl, die den Quellungssprung vollzogen hat und dadurch die Brückenbindung des gesamten Systems verstärkt.

3. Das Hydratwasser ist am Kation im allgemeinen stärker gebunden als das Schichtwasser auf den Teilchenoberflächen. Das vom Teilchen ausgehende Kraftfeld ist verhältnismäßig schwach, so daß das Schichtwasser nahe 100°C sieden kann. Bei dieser Sandtemperatur sollte also keine Oberflächenbindung mehr möglich sein. Das Kraftfeld des Kations dagegen vermag das Hydrat-

wasser auch bei dieser Temperatur noch verhältnismäßig stark zu binden, insbesondere dann, wenn das Kation klein und von hoher Ladung ist. Ein feuchter Formsand kann wegen des stets anwesenden und nahe 100°C siedenden Schichtwassers niemals über diese Temperatur hinaus erwärmt werden. Hier erfolgt aber eine Bindung von z. T. erheblicher Stärke über die noch stabilen Wasserbrücken des Hydratwassers.

Von anderer Seite wurde aus Untersuchungen mittels dynamischer Differenzkalorimetrie bestätigt, daß das Schichtwasser nahe 100°C siedet, das Hydratwasser von Ca^{2+}-Ionen dagegen erst bei etwa 150°C [8]. Diese unterschiedliche Bindungsstärke von Hydrat- und Schichtwasser ist für die Naßfestigkeit von besonderer Bedeutung.

7. Festigkeitstheorie

Jeder Grünfestigkeitswert eines Formsandes ist als Summe der Oberflächenbindung und Brückenbindung aufzufassen. Die Abb. 6a zeigt in schematischer Darstellung die Grünfestigkeitskurven eines mit Calciumbentonit und eines mit Natriumbentonit gebundenen Sandes (durchgezogene Kurven, $G_{Ca^{2+}}$, G_{Na^+}). Die Änderung der Oberflächenbindung ist durch die gestrichelte Kurve O dargestellt, die Änderung der Brückenbindung durch Calciumbentonit durch die Kurve $B_{Ca^{2+}}$ und durch Natriumbentonit durch die Kurve B_{Na^+}. Auf der Abszisse sind nicht die absoluten Feuchtigkeitsprozente sondern der formgerechte Wassergehalt und das Vielfache desselben angegeben. Diese Darstellung ist eindeutig, weil der absolute Feuchtigkeitsgehalt z. B. durch Tongüte und Tonmenge im Sand beeinflußt wird, der formgerechte Wassergehalt aber einem Gleichgewichtswert des Wasserhaushaltes entspricht.

Steilheit und Höchstwert der Oberflächenbindungskurve hängen von der Güte des Tones und damit in erster Linie von seiner spezifischen Oberfläche und seinem Mineralbestand ab, aber nicht von der Art der Ionenbelegung. Die Oberflächenbindung ist im formgerechten Zustand am größten und bestimmt hier, weil die Brückenbindung Null ist, über die Tongüte allein den Grünfestigkeitswert [1]. Theoretisch würde die Grünfestigkeitskurve eines Sandes mit einem Bindeton ohne Ionenbelegung wie die Kurve der Oberflächenbindung verlaufen. Es gibt aber keine derartigen Tone. Es wurde aber wiederholt festgestellt, daß schlechte Tone mit einer geringen Ionenmenge einen ähnlichen Steilabfall der Grünfestigkeitskurve bewirken. Auch sehr gute Bentonite können einen derartigen Steilverlauf der Grünfestigkeitskurve hervorrufen, wenn sie mit mehrwertigen Kationen belegt sind und deshalb eine höchstens schwache Brückenbindung bewirken können. Die Ursachen werden an späterer Stelle genannt.

Ein Beispiel ist die Grünfestigkeitskurve des Calciumbentonits in Abb. 6a ($G_{Ca^{2+}}$), die verhältnismäßig wenig von der Oberflächenbindungskurve abweicht. Gute Tone, d. h. Tone mit einem hohen Montmorillonitgehalt und einer entsprechend großen spezifischen Oberfläche, werden also im oder nahe am formgerechten Zustand unabhängig von der Art ihrer Ionenbelegung stets hohe Grünfestigkeiten bewirken. Mit zunehmender Überschreitung des formgerechten Wassergehaltes wird die Größe der Grünfestigkeit zunehmend durch die Kationenart bestimmt. Tone mit mehrwertigen Kationen verursachen bei hohen Formsandfeuchtigkeiten wegen schwacher Brückenbindung nur sehr geringe Grünfestigkeiten, so daß die Güte des Tones hier keinen Einfluß mehr ausübt. Werden jedoch die mehrwertigen Kationen durch einwertige, z. B. Na^+, ersetzt, wird die Brückenbildung sofort stärker und hängt dann von der Güte des Bindetones ab, weil diese die Ionenmenge und damit die Anzahl der Wasserbrücken bestimmt.

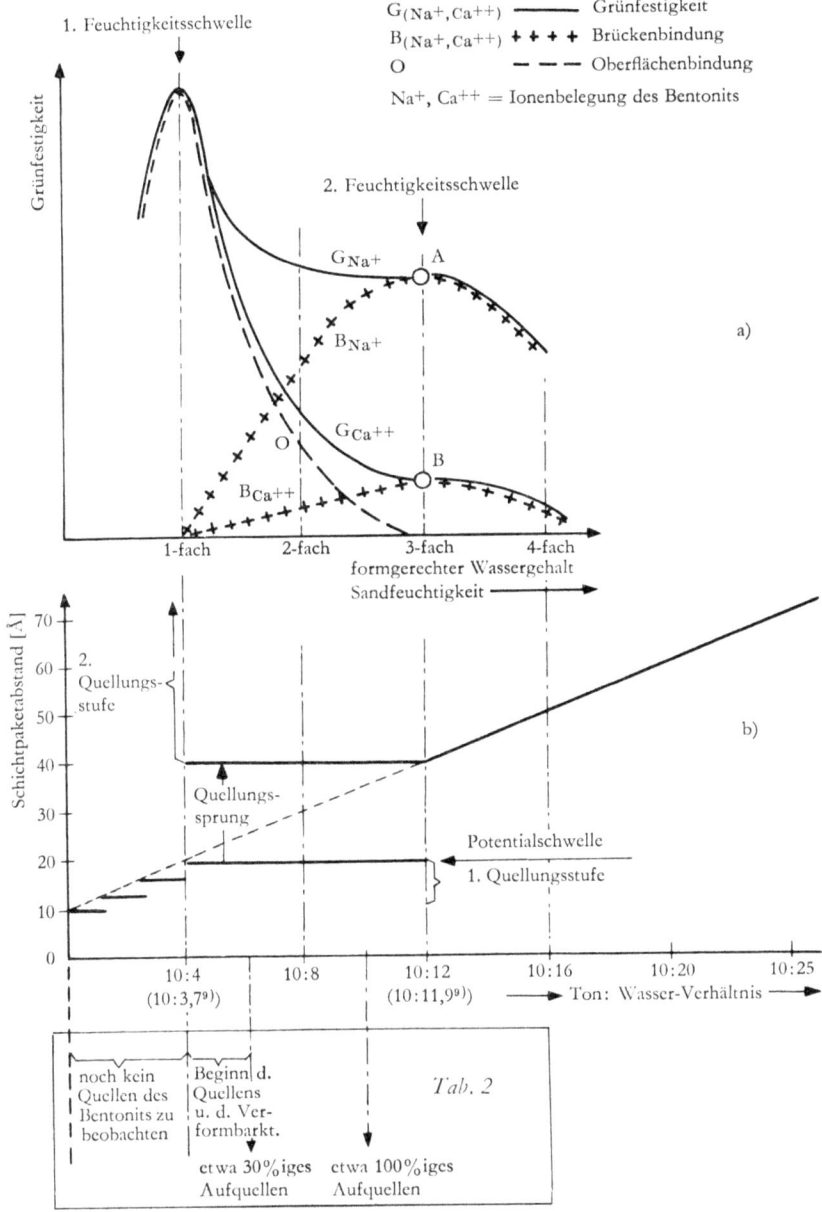

Abb. 6a Grünfestigkeit eines mit Bentonit gebundenen Sandes durch Oberflächen- und Brückenbindung an den Tonteilchen (schematisch)

Abb. 6b Innerkristallines Quellen eines Na-Bentonits mit dem Wassergehalt [9]

Tab. 2 Sichtbares Quellen eines Na-Bentonits [9], [13]

Eine zunehmende Natriumaktivierung eines Calciumtones bewirkt eine zunehmende Steilheit und Höhenlage der Brückenbindungskurven in Abb. 6a, wodurch die Grünfestigkeitskurve nach oben gedrückt wird. Bei größter Natriumbelegung des Tones ist die Höchstlage der Brückenbindungskurve (B_{Na^+}), erreicht. Die Grünfestigkeiten im dreifach formgerechten Sandzustand kennzeichnen in etwa den Scheitelpunkt der Brückenbindungskurven. Mithin steigen die Grünfestigkeitswerte bei diesem Wassergehalt mit zunehmender Na^+-Belegung, ausgehend von der Festigkeit B durch Ca-Bentonit, zunehmend bis zu dem Festigkeitswert A bei vollständiger Na^+-Belegung, an. Diese Gesetzmäßigkeit ist in Abb. 5 mit realen Meßwerten durch den Verlauf von Grünfestigkeitskurve und Kurve der Wasserempfindlichkeit über dem Sodazusatz belegt. Grünfestigkeit des übernäßten Sandes und Wasserempfindlichkeit ändern sich mit der Ionenbelegung zwar gegensätzlich, aber etwa verhältnisgleich, weil beide Sandeigenschaften durch die Größe der Brückenbindung bestimmt werden.

Die Änderung von Oberflächen- und Brückenbindung mit zunehmendem Feuchtigkeitsgehalt des Tones kann mit der unterschiedlichen »Feuchtigkeit« des Wassers und Quellung der Tonteilchen gedeutet werden.

8. Quellung des Bentonits und Sandfestigkeit

NORRISH [9] hat die Quellung eines mit verschiedenen Kationen belegten Bentonits bei verschiedenen Wassergehalten durch röntgenographische Bestimmung des Schichtpaketabstandes d_{001} gemessen. Die Quellung des Na-Montmorillonits ist in Abb. 6b über dem Wassergehalt dargestellt. Die Abb. 6b ist in der Weise unter Abb. 6a gezeichnet worden, daß in beiden Abbildungen gleiche Feuchtigkeitsgehalte senkrecht untereinanderliegen. So entspricht der einfach formgerechte Wassergehalt in Abb. 6a einem Ton–Wasser-Verhältnis von etwa 10:4 in Abb. 6b, der zweifach formgerechte Wassergehalt einem solchen von 10:8 und so fort. Damit ist der Quellungszustand des Bentonits im Sand aus dem darunterliegenden Diagramm Abb. 6b zu ersehen.
Bis zu einem Ton–Wasser-Verhältnis von 10:3,7 wurden diskrete Quellungsstufen beobachtet, die auf einen Aufbau vollständiger Wasserschichten um das Elementarteilchen (Schichtwasser) hindeuten. Solange sich eine Wasserschicht ausbildet, bleibt der Schichtpaketabstand unverändert und steigt erst dann an, wenn der Aufbau einer weiteren Schicht begonnen wird. Bis zu einem Ton–Wasser-Verhältnis von 10:3,7 quillt der Montmorillonit schrittweise innerkristallin. Zwischen dem Ton–Wasser-Verhältnis 10:3,7 und 10:11,9 wurde ein Schichtpaketabstand von etwa 20 Å und daneben ein solcher von ungefähr 40 Å gemessen. Zwischen 20 und 40 Å konnten keine Meßwerte erhalten werden. In diesem Feuchtigkeitsbereich vollziehen die Tonteilchen nach Überwindung einer Potentialschwelle bei etwa 20 Å einen Quellungssprung direkt auf 40 Å. Die Tonteilchen springen von der ersten in die zweite Quellungsstufe. Bei einem Ton–Wasser-Verhältnis von 10:3,7 führen die ersten Tonteilchen den Quellungssprung durch. Mit zunehmendem Wassergehalt überwindet eine steigende Teilchenzahl die Potentialschwelle und bei einem Ton–Wasser-Verhältnis von 10:11,9 sind alle Teilchen in der zweiten Quellungsstufe. Von diesem Feuchtigkeitsgehalt an nimmt die Quellung mit dem Wassergehalt kontinuierlich zu; Unsteigkeiten wurden nicht beobachtet.
Bei niedrigen Feuchtigkeitsgehalten bis 10:3,7, in diesem Bereich erfolgt die schrittweise Quellung, ziehen sich die Tonteilchen unter der Wirkung elektrostatischer, van-der-Waalsscher Kräfte gegenseitig an. Die hohe Hydratationsenergie der Ionen reicht aber aus, um die Tonteilchen durch Aufbau ihrer Hydratschichten entgegen dem elektrostatischen Anziehungsfeld so weit auseinanderzutreiben, bis der Quellungssprung erfolgt. Dieser wird mit einem Wechsel der zwischen den Teilchen wirkenden Kräftearten erklärt. Nach der plötzlichen Vergrößerung des Schichtpaketabstandes wirken zwischen den Teilchen osmotische, abstoßende Kräfte [11]. Hier entwickelt der Montmorillonit wahrscheinlich eine diffuse Doppelschicht und verhält sich wie ein Kolloid. Der Schichtpaketabstand

wird in diesem Bereich mit dem Wassergehalt kontinuierlich größer. Bei einem hohen Quellungsgrad des Tones werden die abstoßenden Kräfte vermutlich durch van-der-Waals-Londonsche Anziehungskräfte im Gleichgewicht gehalten [12].

Unter Abb. 6b ist in Tab. 2 das mit dem Auge direkt zu beobachtende Aufquellen eines Films aus Na-Montmorillonit bei verschiedenen Feuchtigkeitsgehalten beschrieben [13]. Die Wasseraufnahme eines Montmorillonits geht demnach so vor sich, daß sich zunächst die Zwischenräume der aufeinanderfolgenden Schichtpakete mit Wasser füllen, ohne daß äußerlich ein Quellen zu beobachten ist. Der Leerraum in den Blättchenaggregaten wird mit Wasser gefüllt. Von einem Ton–Wasser-Verhältnis von etwa 10:4 an umgeben sich die Primärteilchen mit Wasserschichten (interkristalline Quellung durch Adsorptionswasser), und erst dann beginnt der Ton plastisch zu werden. Demnach dürfte die Plastizität nur zu einem kleinen Teil durch die innerkristalline Quellung bewirkt werden, viel stärker jedoch durch die interkristalline Quellung durch Vergrößerung des Abstandes zwischen den Primärteilchen.

In einem Ton–Wasser-System scheint es also zwei für die Formsandeigenschaften bedeutsame Feuchtigkeitsschwellen zu geben. Die erste Feuchtigkeitsschwelle ist der Wassergehalt, bei dem einerseits die interkristalline Quellung und als Folge die Bildsamkeit beginnt, andererseits die ersten Tonteilchen den Quellungssprung ausführen. Die zweite Feuchtigkeitsschwelle ist der Wassergehalt, bei dem die letzten Teilchen den Quellungssprung vollzogen haben.

Die erste Feuchtigkeitsschwelle liegt nach den Ergebnissen von NORRISH und nach eigenen Folgerungen aus Festigkeitsuntersuchungen für einen Na-Bentonit bei einem Ton–Wasser-Verhältnis von etwa 10:4. Für Tone mit kleineren Oberflächen dürfte dieser Verhältniswert größer sein. Bekanntlich hängt die Wassermenge, die ein Ton zu binden vermag, und die auch die Lage der Feuchtigkeitsschwelle bestimmt, von seiner Oberfläche ab [1]. Die zweite Feuchtigkeitsschwelle liegt für einen Natriumbentonit bei einem Verhältnis von etwa 10:12, muß aber ebenfalls als Funktion der spezifischen Tonoberfläche angenommen werden. Mit abnehmender Oberfläche wird auch die Zahl der adsorbierten Kationen kleiner [1], mithin auch der Wasserbedarf für die Ionenhydratation, wodurch der genannte Verhältniswert ebenfalls größer werden sollte. Der Wasserbedarf für die Ionenhydratation hängt aber weiterhin in starkem Maße von der Stärke des elektrischen Kraftfeldes und damit von der Kationengröße ab. Große Ionen hydratatisieren weniger stark als kleine, wie die Gegenüberstellung von hydrodynamischem Radius [14] und Kationenradius einwertiger Kationen in Tab. 1 zeigt:

Tab. 1

	Li^+	Na^+	K^+	NH_4^+	Rb^+	Cs^+
Ionenradius (Å)	0,78	0,98	1,33	1,43	1,49	1,65
Hydrodynamischer Radius (Å) [14]	10,03	7,90	5,32	5,37	5,09	5,05

Deshalb tritt die zweite Feuchtigkeitsschwelle früher, also bei einem höheren Ton-Wasser-Verhältnis auf, wenn kleinere Kationen durch größere ausgetauscht werden (vgl. Abb. 8).

Die erste Feuchtigkeitsschwelle ist für jeden Ton, unabhängig von der Art seiner Ionenbelegung, wichtig, die zweite aber nur dann, wenn er teilweise oder vollständig mit einwertigen Kationen, insbesondere Li^+ und Na^+, belegt ist. Diese Bedingung wird noch an späterer Stelle erörtert werden.

Die Änderung der Grünfestigkeit tongebundener Sande als Folge einer Änderung der Oberflächen- und Brückenbindung kann nunmehr zwanglos gedeutet werden (vgl. Abb. 6a, 6b und Tab. 2).

Die Grünfestigkeit eines mit Natriumbentonit gebundenen Sandes steigt kurz vor der ersten Feuchtigkeitsschwelle stark an. Der Sand ist in diesem Feuchtigkeitsbereich trocken, unplastisch und zur Formenherstellung nicht geeignet. Der Bentonit quillt hauptsächlich innerkristallin. Kurz vor Erreichen der ersten Feuchtigkeitsschwelle dürften bereits geringe Wassermengen an den Primärteilchen adsorbiert werden, wodurch die Festigkeit steil ansteigt (Abb. 3 und 4). Die Oberflächenbindung beginnt zwischen den Primärteilchen zu wirken.

Der Höchstwert der Grünzugfestigkeit tritt bei dem Wassergehalt der ersten Feuchtigkeitsschwelle auf, und der formgerechte Zustand des Sandes ist erreicht. Ausreichende Wassermengen stehen zur Adsorption an Primärteilchen zur Verfügung. Der Ton quillt interkristallin, der Sand wird plastisch und damit verarbeitbar. Es konnte nicht genau ermittelt werden, ob das Maximum der Grünfestigkeit bzw. der formgerechte Zustand des Sandes bei genau dem gleichen Wassergehalt auftreten, bei dem der Quellungssprung der Tonteilchen beginnt. Die Fehlergrenzen der Formsandprüfung lassen derart exakte Aussagen nicht zu. Auf jeden Fall liegen beide Feuchtigkeitsgehalte sehr dicht beieinander.

Nach Abb. 6a wird im formgerechten Zustand noch keine Brückenbindung angenommen. Das bedeutet jedoch nicht, daß bei diesem Wassergehalt die Ionen noch nicht hydratisiert sind [15].

Wegen der hier größten Stärke der Oberflächenbindung kann der Festigkeitsbeitrag durch Brückenbindung aber nur gering sein. Außerdem sind die Ionen bei diesem niedrigen Wassergehalt erst wenig hydratisiert, auch wegen des Raummangels zwischen den eng zusammenliegenden Teilchen der ersten Quellungsstufe. Die Oberflächenbindung wirkt am stärksten, weil der Ton gerade so viel Wasser enthält, daß er dieses nahe an seinen Teilchen, also im Bereich der größten Stärke des elektrischen Feldes, binden kann. Wasserdampfdruckmessungen an feuchten Formsanden haben gezeigt, daß bei der ersten Feuchtigkeitsschwelle noch kein nasses, also ungebundenes Wasser vorhanden ist [16]. Dieses tritt erst einige zehntel Prozent später auf.

Nach Überschreitung des formgerechten Wassergehaltes fällt die Grünfestigkeit jedes Sandes, weil die Oberflächenbindung immer in stärkerem Maße abnimmt als die Brückenbindung zunimmt. Die Oberflächenbindung wird schwächer, weil die teilchennahen Schichten durch Wasser bereits belegt sind und weiteres Wasser nur noch weiter vom Teilchen entfernt und damit im abschwächenden Teil des elektrischen Kraftfeldes angelagert werden kann.

Als Ursache verminderter Festigkeit sollte man sich stets eine zunehmende Beweglichkeit der gebundenen Wasserdipole vorstellen. Ein Formsand kann durchaus größere Anteile nasses, ungebundenes Wasser enthalten und trotzdem noch einige Festigkeit besitzen. Dampfdruckmessungen an vielen Formsandmischungen haben gezeigt, daß nasses Wasser bereits zwischen einfach und zweifach formgerechtem Wassergehalt auftritt, trotzdem sind die Sandfestigkeiten noch recht hoch [16]. Es muß also auch stärker gebundenes, feuchtes Wasser vorhanden sein, das für die Festigkeit verantwortlich ist. Erst wenn alle Tonteilchen durch flüssiges Wasser vollständig getrennt sind, ist die Festigkeit Null.

Durch den Quellungssprung wird der Schichtpaketabstand plötzlich sehr viel größer (Abb. 6b), so daß eine beträchtliche Wassermenge zwischen die Teilchen eingelagert werden kann. Man könnte sich Teilchen der zweiten Quellungsstufe wie einen Schwamm wirkend vorstellen, die aus einem Ton–Wasser-System das überschüssige Wasser absaugen und zwischen ihre Schichten einlagern. Dieses sollte zu einem großen Teil flüssig sein und deshalb zwischen den Teilchen keine Oberflächenbindung zulassen. Die Hydrathüllen der adsorbierten Kationen aber ragen durch dieses flüssige Schichtwasser hindurch, greifen in die Kraftfelder der Teilchenoberflächen und ermöglichen noch eine verhältnismäßig gute Bindung, wodurch letztlich die Festigkeiten bei hohen Wassergehalten zustande kommen.

Da zwischen einfach und dreifach formgerechtem Wassergehalt im Na-Bentonit nur zwei Schichtpaketabstände auftreten, könnte man annehmen, daß jedes Tonteilchen, das den Quellungssprung vollzieht, plötzlich sein vollständiges Wassersystem, bestehend aus Schicht- und Hydratwasser, aufbaut und dieses bis zur zweiten Feuchtigkeitsschwelle unverändert beibehält. Die zunehmende Sandfeuchtigkeit sollte also zum größten Teil für den Quellungssprung verbraucht werden. Durch den Quellungssprung geht die Oberflächenbindung am einzelnen Teilchen plötzlich verloren und die Brückenbindung setzt ein.

Es bleibt zu untersuchen, warum am Ca-Bentonit nur eine schwache Brückenbindung erfolgt (Abb. 6a). Norrish hat festgestellt, daß mit mehrwertigen Kationen belegte Bentonite nicht zum Quellungssprung befähigt sind. Als Ursache wird einerseits der größere Bereich der dielektrischen Sättigung mehrwertiger Kationen genannt, wodurch die elektrostatischen, anziehenden Kräfte zwischen Tonteilchen nicht so stark wie durch einwertige Kationen vermindert werden. Andererseits führt die Theorie von Langmuir [11] an, daß die abstoßenden osmotischen Kräfte für zweiwertige Kationen viel geringer sind. Montmorillonitteilchen, die weiter als 25 Å voneinander entfernt sind, fallen wieder zusammen, wenn diese Kräfte zu schwach sind, um die van-der-Waalsschen Kräfte im Gleichgewicht zu halten. Ohne Quellungssprung sollte aber keine Brückenbindung möglich sein. Zunehmende Feuchtigkeitsgehalte können dann im wesentlichen nur als Schichtwasser um die Tonteilchen angelagert werden. Damit schwächt sich die Wasserbindung ab und die Oberflächenbindung wird geringer. Diese ungünstige Wirkung kann nicht wie im Na-Bentonit durch eine zunehmende Brückenbindung kompensiert werden. Die Grünfestigkeit verläuft mit dem Wassergehalt ungefähr als Funktion der Oberflächenbindung und fällt mit dieser steil ab.

Die Grünfestigkeitskurve durch Calciumbentonit sollte theoretisch wie die Oberflächenbindungskurve verlaufen. Einige Beobachtungen, insbesondere der Anstieg von Naßfestigkeit und Warmfestigkeit bei 100°C mit der Sandfeuchtigkeit (Abb. 3 und 4), sprechen aber dafür, daß auch am Calciumbentonit eine vergleichsweise schwache Brückenbindung möglich ist.

Die meisten Calciumbentonite sind überwiegend mit Calciumionen belegt, aber auch mit geringeren Mengen Natriumionen. Reine Calciumbentonite sind selten. Hält das eine oder andere Tonteilchen neben Ca^{2+} größere Mengen Na^+ gebunden, so sollte deren Hydratationsenergie ausreichen, um am Teilchen den Quellungssprung auszulösen. Ein wichtiger Beleg für diese Annahme ist der Steilanstieg von Aktivierungskurven mit zunehmenden Sodamengen (vgl. Abb. 5). So steigt die Naßfestigkeit durch Zusatz der halben zur Vollaktivierung erforderlichen Na^+-Menge bereits um 75% des möglichen Betrages. Auch könnte die intensive Reibwirkung, der die Tonteilchen im Kollergang während der Aktivierung ausgesetzt sind, den Quellungssprung erleichtern, was in einem stationären System nicht der Fall sein dürfte. Somit deutet der geringfügige Anstieg der Brückenbindungskurve mit dem Wassergehalt (Abb. 6a) darauf hin, daß wenige Tonteilchen trotz überwiegender Belegung mit Calciumionen den Quellungssprung durchführen.

9. Warm- und Naßfestigkeit

Naßfestigkeitskurven (vgl. Abb. 3 und 4b) zeigen den gleichen Kurvenverlauf, der auch für die in Abb. 6a dargestellten Brückenbindungskurven angenommen wird. Warmfestigkeitskurven von 100°C und Brückenbindungskurven eines Formsandes haben ihren Ursprung und Höchstwert bei gleichem Wassergehalt. Die Kurven der Warmfestigkeit und Brückenbindung durch Natriumbentonit liegen hoch, die entsprechenden Kurven durch Calciumbentonit dagegen tief (vgl. Abb. 4b und 6a). Hieraus ist zu folgern, daß die Warmfestigkeit von 100°C allein durch Brückenbindung zustande kommt und durch ihre Gesetzmäßigkeiten bestimmt wird.

Brückenbindungskurven kalter Sande kann man in guter Näherung aus Grünfestigkeitskurven zwischen einfach und vierfach formgerechtem Wassergehalt ableiten, wie es als Beispiel in Abb. 4a geschehen ist (gestrichelte Kurven). Die Grünfestigkeit bei etwa dreifach formgerechtem Wassergehalt kann als Scheitelwert der Brückenbindungskurven (Abb. 6a) angenommen werden. Ein Vergleich zwischen Brückenbindungskurven eines kalten und eines 100°C warmen Sandes (Naßfestigkeitskurven Abb. 4b um etwa 2,5% Feuchtigkeit nach rechts verschoben) zeigt, daß jene ungefähr doppelt so hoch liegen wie diese. Die Brückenbindung ist also im kalten Sand erheblich stärker.

Nach Abb. 3 fällt die Grünfestigkeit eines formgerechten Sandes mit steigender Formsandtemperatur bei unveränderter Formsandfeuchtigkeit bis zur Warmfestigkeit von 100°C auf Null ab, weil angenommen wird, daß bei dieser Feuchtigkeit allein die Oberflächenbindung wirkt (Abb. 6a). Der Festigkeitsverlust bis auf Null deutet demnach darauf hin, daß die Oberflächenbindung mit steigender Temperatur stetig abnimmt und bei 100°C wirkungslos wird. Das Schichtwasser der Tonteilchen muß also mit steigender Temperatur zunehmend feuchter werden und bei 100°C flüssig sein. Es wurde bereits erwähnt, daß das Schichtwasser nur verhältnismäßig schwach gebunden ist und deshalb nahe 100°C siedet. Die Ursache der Wasserverflüssigung ist die zunehmende Wärmebewegung der Wasserdipole, wodurch ihre Bindungen gelöst werden. Überformgerechte Sande dagegen enthalten je nach Ionenbelegung und Feuchtigkeit kleinere oder größere Mengen von Teilchen der zweiten Quellungsstufe, die durch Brückenbindung gebunden sind. Die Brückenbindung ist aber thermisch stabiler als die Oberflächenbindung, weil die Wasserdipole in den starken Kraftfeldern insbesondere der kleinen Kationen fester gebunden sind als im Schichtwasser. Aber auch die Bindung des Hydratwassers wird bis 100°C schwächer, wie der Vergleich der Brückenbindungskurven in Abb. 4a mit den Naßfestigkeitskurven in Abb. 4b zeigt. Die Schwächung der Brückenbindung von Raumtemperatur bis 100°C sollte von der elektrischen Feldstärke des Kations abhängen und damit eine Funktion der Kationengröße sein.

10. Kationeneinfluß auf die Brückenbindung

Warmfestigkeitskurven bei 100°C sind reine Brückenbindungskurven und durch Naßfestigkeitsprüfung einfach zu erhalten. Der Einfluß verschiedener Kationen auf die Stärke der Brückenbindung kann daher am Naßfestigkeitswert abgelesen werden.

Die Abb. 7 zeigt Aktivierungskurven formgerechter Sande beschriebener Zusammensetzung durch steigende Belegung des Calciumbentonits mit ein- und mehrwertigen Kationen. Die für die Aktivierungsversuche verwendeten Verbindungen enthielten als Kationen Li^+, Na^+, K^+, NH_4^+, Rb^+, Cs^+, Be^{2+}, Cd^{2+}, Co^{2+}, Cu^{2+}, Fe^{2+}, Mg^{2+}, Mn^{2+}, Ni^{2+}, Zn^{2+}, Al^{3+}, Fe^{3+} und als Anionen CO_3^{--},

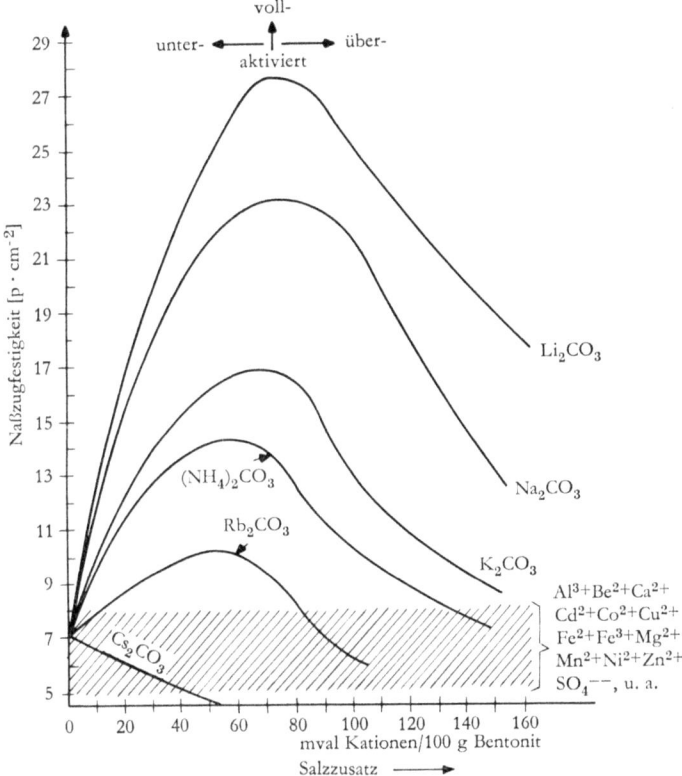

Abb. 7 Änderung der Naßzugfestigkeit mit steigender Karbonataktivierung (Aktivierungskurven)
(Formsande mit fünf Teilen Ca-Bentonit mit 75% Montmorillonit)

SO_4^{--}, F^- u. a. Die Verbindung mußte leicht wasserlöslich, das Reaktionsprodukt (Ca^{2+} und Anion des Aktivierungsmittels) schwer oder nicht wasserlöslich sein [5].
Es fällt auf, daß alle Aktivierungskurven durch Verbindungen mit mehrwertigen Kationen dicht zusammenliegen und sehr flach verlaufen (gestricheltes Feld zwischen 5 und 8 $p \cdot cm^{-2}$ Naßfestigkeit). Auch der ursprüngliche Ca-Bentonit bewirkt nur eine Festigkeit von 7 $p \cdot cm^{-2}$ (Festigkeitswert bei 0 mval). Mit mehrwertigen Kationen belegte Tonteilchen sind nicht zum Quellungssprung befähigt, so daß an ihnen auch keine Brückenbindung möglich ist [9].
Einwertige Kationen dagegen ergeben zum Teil sehr viel höhere Naßfestigkeiten, weil sie Tonteilchen zum Quellungssprung befähigen. Die Naßfestigkeit der vollaktivierten Bentonite (Höchstwerte der Aktivierungskurven) ist eine Funktion des Kationenradius und steigt bis zum kleinen Li^+ steil an. Damit ist die Annahme belegt, daß mit zunehmender Stärke des elektrischen Feldes des Kations auch die Brückenbindung verstärkt wird (vgl. auch Tab. 1). Das große Rb^+-Ion führt zu einer nur geringen Naßfestigkeitssteigerung, das noch größere Cs^+-Ion dagegen bewirkt eine noch schlechtere Naßfestigkeit als das ursprüngliche Ca^{2+}.
Der Steilanstieg der Naßfestigkeitskurven in Abb. 7 bestätigt auch hier, daß der Quellungssprung von Tonteilchen bereits durch geringe Mengen einwertiger Kationen, insbesondere kleine mit hoher Hydratationsenergie, ausgelöst werden kann. So kann nach Abb. 7 z. B. durch ein Drittel der zur Vollaktivierung erforderlichen Li^+- und Na^+-Menge bereits der halbe mögliche Naßfestigkeitsanstieg bewirkt werden.
Jeder freie Elektrolyt, der in einem Sand gelöst vorliegt, vermindert die Naßfestigkeit. Freie Elektrolyte gelangen in ein Sandsystem entweder durch Überaktivierung (Abfall der Aktivierungskurven nach Vollaktivierung), oder durch Verwendung eines Aktivierungsmittels, dessen Anion mit dem ursprünglich am Ton adsorbierten Kation eine wasserlösliche Verbindung bildet [5]. So führt z. B. ein Zusatz von Natriumchlorid zu einem mit Calciumbentonit gebundenen Sand zu keinem Naßfestigkeitsanstieg, weil das Reaktionsprodukt Calciumchlorid stark wasserlöslich ist. Es hat sich gezeigt, daß die Naßfestigkeit eines calciumbentonitgebundenen Sandes erst dann ansteigt, wenn Aktivierungsmittel verwendet werden, deren Reaktionsprodukt eine Wasserlöslichkeit von weniger als 30 g/100 g Wasser aufweist [5]. Die Naßfestigkeitserniedrigung durch freie, nicht adsorbierte Ionen kann nur durch eine Störung der Brückenbindung zustande kommen. Nähere Angaben sind noch nicht möglich.
Die Abb. 8 zeigt Naßzugfestigkeitskurven von Formsanden, deren Ca-Bentonite vor der Versuchsdurchführung mit 75 mval einwertiger Kationen vollaktiviert wurden.
Jede Festigkeitskurve steigt mit dem Wassergehalt an; das Steigungsmaß ist aber für kleine Kationen am größten und auch der Kurvenhöchstwert. Es zeigt sich auch hier wieder die mit abnehmendem Kationenradius zunehmende Stärke der Brückenbindung.
Die Höchstwerte sind in Abb. 8 durch die gestrichelte Kurve miteinander verbunden. Das Festigkeitsmaximum wird durch kleine adsorbierte Kationen zu

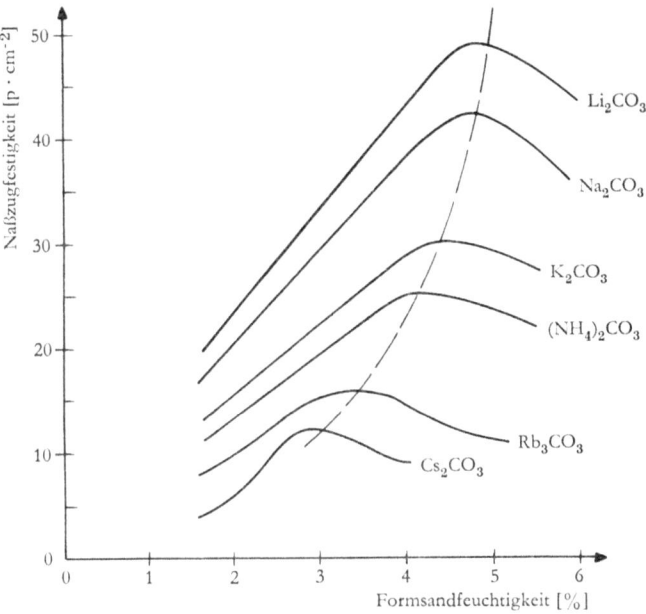

Abb. 8 Änderung der Naßzugfestigkeit mit der Formsandfeuchtigkeit
(Formsande mit fünf Teilen Ca-Bentonit mit 75% Montmorillonit, der vor der Versuchsdurchführung mit 75 mval/100 g Bentonits einwertiger Kationen vollaktiviert wurde)

hohen Formsandfeuchtigkeiten verschoben und umgekehrt. Der mit Cäsiumbentonit gebundene Sand erreicht seine höchste Naßfestigkeit bei etwa 3%, der mit Lithiumbentonit gebundene Sand erst bei etwa 5% Wassergehalt. Die stärkste Brückenbindung tritt bei beschriebener Sandzusammensetzung also durch Cäsiumbentonit bei etwa 5,5% (3% + ΔF) und für Lithiumbentonit bei etwa 7,5% (5% + ΔF) Feuchtigkeit auf. Bei diesen Wassergehalten haben die letzten Tonteilchen den Quellungssprung vollzogen. Weitere Wasserzusätze führen zur osmotischen Quellung und damit zu einer Schwächung der Brückenbindung, weil sich die Hydrathüllen wegen des steigenden Teilchenabstandes aus den Kraftfeldern der Teilchen entfernen.

Der Festigkeitshöchstwert dürfte durch kleine Kationen deshalb erst bei höheren Feuchtigkeitsgehalten auftreten, weil ihr starkes elektrisches Feld verhältnismäßig große Wassermengen bindet (vgl. auch hydrodynamischer Radius, Tab. 1). Ein einzelnes Tonteilchen verbraucht deshalb für seinen Quellungssprung größere Wassermengen, wenn es kleine Kationen trägt, als wenn es größere Ionen gebunden hält. Eine bestimmte Wassermenge wird also in einem Rb-Bentonit eine größere Teilchenzahl zum Quellungssprung veranlassen als in dem gleichen Bentonit mit Li^+-Belegung. Andererseits ist der Wassergehalt, der zum Quellungssprung aller Teilchen notwendig ist, bei einem Li^+-Bentonit größer als bei einem Rb^+-Bentonit. Die Anzahl der Wasserbrücken in einem Ton ist durch seine

Ionenaustauschfähigkeit, also durch die Anzahl seiner adsorbierten Kationen, gegeben, mithin ist sie für den gleichen Ton auch bei verschiedenartiger Ionenbelegung gleich groß, sofern es sich um Kationen von gleicher Wertigkeit handelt. Ein Li^+-Bentonit hat also genauso viele Wasserbrücken wie ein Rb^+-Bentonit. Jene enthalten aber größere Wassermengen als diese und sind auch zu einer stärkeren Bindung befähigt.

Nachfolgend sind die wichtigsten Annahmen über die Brückenbindung noch einmal kurz zusammengefaßt:

1. Die Brückenbindung ist eine zwischen benachbarten Ton- bzw. Ton- und Sandteilchen wirkende Bindungsart und erfolgt über Hydrathüllen am Ton adsorbierter Kationen. Sie wirkt nur in einem bestimmten Feuchtigkeitsbereich, etwa zwischen dem Ton–Wasser-Verhältnis von 10:4 und 10:16.

2. Eine Brückenbindung ist nur an Tonteilchen nach einem Quellungssprung möglich. Dieser erfolgt aber nur an solchen Teilchen, die überwiegend mit einwertigen Kationen belegt sind, insbesondere mit Li^+ und Na^+.

3. Quellungssprung und Brückenbindung beginnen im Na-Bentonit bei etwa formgerechtem Wassergehalt. Die Brückenbindung steigt mit zunehmender Sandfeuchtigkeit, weil immer mehr Teilchen den Quellungssprung vollziehen und damit an der Bindung des Systems teilnehmen. Bei etwa dreifach formgerechtem Wassergehalt sind alle Teilchen in der zweiten Quellungsstufe, die Brückenbindung des Formsandes ist am stärksten.

4. Die Stärke der Brückenbindung in einem Ton–Wasser-System ist eine Funktion der Anzahl der Wasserbrücken und ihrer Stärke. Die Anzahl ist einerseits durch die Ionenaustauschfähigkeit des Tones, also durch die Menge der adsorbierten Kationen, und andererseits durch die Anzahl der Tonteilchen gegeben, die den Quellungssprung vollzogen haben. Die Bindungsstärke einer Wasserbrücke hängt von der elektrischen Feldstärke des Kations und damit vom Kationenradius ab.

5. Die Brückenbindung wird durch freie, ungebundene Ionen im Ton–Wasser-System abgeschwächt.

Durch die Überlegungen dieser Arbeit sollten die Formsandfestigkeiten auf ihre wirklichen Ursachen, auf die unterschiedlich starke Bindung von Wasserdipolen an Tonteilchen und adsorbierten Kationen, zurückgeführt werden. Die Gesetzmäßigkeiten der Festigkeit durch Feuchtigkeits-, Temperatur- und Kationeneinfluß können nunmehr zwanglos gedeutet werden. Es wurde versucht, diese durch Versuchsergebnisse möglichst weitgehend abzustützen. Weitere Untersuchungen an reinen Ton–Wasser-Systemen werden in einigen Fällen die Richtigkeit dieser Theorien beweisen müssen oder Änderungen veranlassen.

11. Zusammenfassung

Grün-, Warm- und Naßfestigkeit von Formsanden sind für die Qualität von Gußstücken von entscheidender Bedeutung. Die Festigkeiten werden hauptsächlich durch Mineralbestand, Ionenbelegung und Menge des Bindetones sowie durch Feuchtigkeit und Temperatur des Formsandes bestimmt. Der für Formstoffe interessante Feuchtigkeitsbereich reicht bis zu einem Ton–Wasser-Verhältnis von etwa 10:16. Der wichtigste Wassergehalt, die sogenannte formgerechte Feuchtigkeit, liegt nahe 10:4.
Diese Arbeit ist ein Versuch, die Größe der Festigkeiten mit einer unterschiedlich starken Wasserbindung an Tonteilchen und adsorbierten Kationen zu erklären. Teilchen sollen sich untereinander auf zwei Arten binden können: durch Oberflächenbindung über Schichtwasser auf Teilchenoberflächen und durch Brückenbindung über Hydratwasser adsorbierter Kationen. Jene wirkt bei formgerechtem Wassergehalt am stärksten und ist von den adsorbierten Kationen unabhängig; diese aber wirkt bei dreifach formgerechtem Wassergehalt am stärksten und wird durch Art und Menge der angelagerten Kationen bestimmt. Es wird angenommen, daß eine Brückenbindung nur an solchen Teilchen wirksam werden kann, die durch eine ausreichend hohe Hydratationsenergie ihrer Kationen einen Quellensprung von etwa 20 Å auf etwa 40 Å Schichtpaketabstand ausführen können. Der Quellungssprung kann nur durch einwertige, aber nicht durch mehrwertige Kationen ausgelöst werden. Die Brückenbindung in einem Ton–Wasser-System ist um so stärker, je größer die Teilchenzahl ist, die den Quellungssprung vollzogen hat, je mehr Wasserbrücken an den einzelnen Teilchen wirken und je stärker die Bindung der einzelnen Wasserbrücken ist. Die Bindungsstärke steigt also mit dem Wassergehalt, mit der Ionenaustauschfähigkeit und mit abnehmendem Radius der adsorbierten Kationen, sofern sie einwertig sind.
Die Grünfestigkeit ist die Festigkeit feuchter, kalter Sande von Raumtemperatur, die sogenannte Naßfestigkeit die Festigkeit in einer Feuchtigkeitskondensationszone, die durch oberflächliche Erhitzung des Sandes entsteht. Diese Zone ist 100°C warm und enthält durch Feuchtigkeitskondensation etwa 2,5% mehr Wasser als vor der Erhitzung. Die Naßfestigkeit ist damit die Warmfestigkeit bei 100°C und bei einer etwa 2,5% höheren Sandfeuchtigkeit. Sandausdehnungsfehler, die sich an Formoberflächen in der Gießhitze bilden, entstehen durch zu niedrige Naßfestigkeit.
Formsandfestigkeiten werden als Funktion der Stärke der Oberflächen- und Brückenbindung angenommen. Die Grünfestigkeit formgerechter Sande ist durch alleinige Wirkung der Oberflächenbindung hoch, die Warmfestigkeit bei 100°C und gleichem Wassergehalt aber Null, weil das Schichtwasser bereits nahe

100°C siedet, dann also keine Bindung mehr zuläßt. Mit zunehmender Überschreitung des formgerechten Wassergehaltes wird die Oberflächenbindung schwächer, die Brückenbindung aber stärker. Die Grünfestigkeitskurve fällt mit dem Wassergehalt steil ab, wenn eine nur geringe Zunahme der Brückenbindung erfolgt (Ca-Bentonit) und weniger steil bei starkem Zuwachs an Brückenbindung (Na- und Li-Bentonit). Die Warmfestigkeit bei 100°C steigt vom formgerechten Wassergehalt durch eine zunehmende Brückenbindung, und zwar um so stärker, je kleiner die am Ton adsorbierten Kationen sind. Ausschließlich mit mehrwertigen Kationen belegte Tone können keinen Warmfestigkeitsanstieg bewirken, weil sie nicht zum Quellungssprung befähigt sind.

Formgerechte Sande haben also hohe Grünfestigkeiten, diese sind eine Funktion der spez. Tonoberfläche bzw. des Mineralbestandes, aber bei 100°C keine Warmfestigkeiten. Die Art der adsorbierten Kationen ist bei diesem Wassergehalt bedeutungslos. Stark überformgerechte Sande besitzen hohe Grün- und Warmfestigkeiten, wenn ihre Bindetone mit einer großen Zahl kleiner, einwertiger Kationen belegt sind, aber geringe Festigkeiten bei einer Belegung mit mehrwertigen oder großen einwertigen Kationen. Zwischen den Festigkeiten bei verschiedenen Sandtemperaturen und Feuchtigkeitsgehalten sowie Tongüte und Kationenradius konnten eindeutige Beziehungen dargestellt werden.

Mit den in dieser Arbeit beschriebenen Festigkeitstheorien sind einerseits, wenn Tongüte und Ionenbelegung bekannt sind, Voraussagen über die Formsandfestigkeiten bei verschiedenen Feuchtigkeiten und Temperaturen möglich, andererseits können, wenn bestimmte Festigkeitsanforderungen gestellt sind, die Bedingungen genannt werden, um diese Festigkeiten sicher und auf wirtschaftliche Art einzustellen.

Prof. Dr.-Ing. Wilhelm Patterson
Dr.-Ing. Dietmar Boenisch

Literaturverzeichnis

[1] Patterson, W., und D. Boenisch, Gießerei, techn.-wiss. Beih., Nr. 3, 1961, S. 157–193.
[2] Patterson, W., und D. Boenisch, Gießerei 48 (1961), Nr. 4, S. 81–87.
[3] Patterson, W., und D. Boenisch, Gießerei 48 (1961), Nr. 7, S. 157–166.
[4] Boenisch, D., Gießerei 46 (1959), Nr. 22, S. 738-748.
[5] Patterson, W., D. Boenisch und S. S. Khanna, Gießerei, techn.-wiss. Beih., Nr. 2, 1962, S. 117–125.
[6] Schwiete, H.-E., Gießerei 44 (1957), S. 165–174.
[7] Bartholomä, H. D., und H.-E. Schwiete, Ziegelind. 13 (1960), S. 109–118 und 127–134.
[8] Schwiete, H.-E., G. Ziegler und Ch. Kliesch, Thermochemische Untersuchungen über die Dehydratation des Montmorillonits. Forschungsber. d. Wirtschafts- u. Verkehrsministeriums Nordrh.-Westf., Nr. 545, Köln 1958.
[9] Norrish, K., Nature 173 (1954), S. 256/257.
[10] Jasmund, K., Die silicatischen Tonminerale. Weinheim a. d. Bergstr. 1955.
[11] Langmuir, I., J. Chem. Phys. 6 (1938), S. 873.
[12] Verwey, E. J., und J. Th. G. Overbeck, Theory of the stability of lyophobic colloids. London 1948.
[13] Mering, J., Trans. Faraday Soc. 42 B (1946), S. 205–219.
[14] Jenny, H., Journ. Phys. Chem. 36 (1932), S. 2217–2258.
[15] Hendricks, S. B., R. A. Nelson und L. T. Alexander, J. Amer. Chem. Soc. 62 (1940), S. 1457–1464.
[16] Fillinger, P., und W. Luckhaus, Wasserdampfdruckmessungen an feuchten Formsanden. Dipl.-Arbeit, Gießerei-Institut der TH Aachen, 1958.

FORSCHUNGSBERICHTE DES LANDES NORDRHEIN-WESTFALEN

Herausgegeben im Auftrage des Ministerpräsidenten Dr. Franz Meyers
vom Landesamt für Forschung, Düsseldorf

HÜTTENWESEN · WERKSTOFFKUNDE

HEFT 4
Prof. Dr. med. Erich A. Müller und Dipl.-Ing. H. Spitzer, Max-Planck-Institut für Arbeitsphysiologie, Dortmund
Untersuchungen über die Hitzebelastung in Hüttenbetrieben
1952. 20 Seiten, 5 Abb., 1 Tabelle. DM 9,—

HEFT 48
Max-Planck-Institut für Eisenforschung, Düsseldorf
Spektrochemische Analyse der Gefügebestandteile in Stählen nach ihrer Isolierung
1953. 31 Seiten, 12 Abb., 5 Tabellen. DM 7,80

HEFT 49
Max-Planck-Institut für Eisenforschung, Düsseldorf
Untersuchungen über Ablauf der Desoxydation und die Bildung von Einschlüssen in Stählen
1953. 45 Seiten, 19 Abb., 3 Tabellen. Vergriffen

HEFT 50
Max-Planck-Institut für Eisenforschung, Düsseldorf
Flammenspektralanalytische Untersuchung der Ferritzusammensetzung in Stählen
1953. 34 Seiten, 15 Abb., 4 Tabellen. Vergriffen

HEFT 74
Max-Planck-Institut für Eisenforschung, Düsseldorf
Versuche zur Klärung des Umwandlungsverhaltens eines sonderkarbidbildenden Chromstahls
1954. 48 Seiten, 10 Abb. DM 14,—

HEFT 75
Max-Planck-Institut für Eisenforschung, Düsseldorf
Zeit-Temperatur-Umwandlungs-Schaubilder als Grundlage der Wärmebehandlung der Stähle
1954. 34 Seiten, 13 Abb. DM 8,70

HEFT 89
Verein Deutscher Ingenieure, Gleitlagerforschung, Düsseldorf, und Prof. Dr.-Ing. G. Vogelpohl, Göttingen
Versuche mit Preßstoff-Lagern für Walzwerke
1954. 57 Seiten, 34 Abb. Vergriffen

HEFT 96
Dr.-Ing. Paul Koch, Dortmund
Austritt von Exoelektronen aus Metalloberflächen unter Berücksichtigung der Verwendung des Effektes für die Materialprüfung
1954. 21 Seiten, 13 Abb. DM 7,—

HEFT 105
Dr.-Ing. Robert Meldau, Harsewinkel/Westf.
Auswertung von Gekörn - Analysen des Musterstaubes »Flugasche Fortuna I«
1955. 28 Seiten, 14 Abb. DM 8,50

HEFT 132
Prof. Dr. phil. nat. W. Seith, Münster
Über Diffusionserscheinungen in festen Metallen
1955. 27 Seiten, 19 Abb., 4 Tabellen. Vergriffen

HEFT 143
Prof. Dr. phil. Franz Wever, Dr. phil. Adolf Rose und Dipl.-Ing. W. Straßburg, Max-Planck-Institut für Eisenforschung, Düsseldorf
Härtbarkeit und Umwandlungsverhalten der Stähle
1955. 33 Seiten, 12 Abb., 3 Tabellen. Vergriffen

HEFT 153
Prof. Dr.phil. Franz Wever, Dr.-Ing. Wilhelm Anton Fischer und Dipl.-Ing. J. Engelbrecht, Düsseldorf
I. Die Reduktion sauerstoffhaltiger Eisenschmelzen im Hochvakuum mit Wasserstoff und Kohlenstoff
II. Einfluß geringer Sauerstoffgehalte auf das Gefüge und Alterungsverhalten von Reineisen
1955. 42 Seiten, 15 Abb., 2 Tabellen. DM 12,40

HEFT 154
Prof. Dr.-Ing. P. Bardenheuer und Dr.-Ing. Wilhelm Anton Fischer, Düsseldorf
Die Verschlackung von Titan aus Stahlschmelzen im sauren und basischen Hochfrequenzofen unter verschiedenen Schlacken
1955. 23 Seiten, 10 Abb., 1 Tabelle. DM 7,95

HEFT 162
Prof. Dr. phil. Franz Wever,
Prof. Dr. rer. techn. Albert Kochendörfer und
Dr.-Ing. Chr. Rohrbach, Max-Planck-Institut für Eisenforschung, Düsseldorf
Kennzeichnung der Sprödbruchneigung von Stählen durch Messung der Fließspannung, Reißspannung und Brucheinschnürung an dreiachsig beanspruchten Proben
1955. 46 Seiten, 26 Abb. DM 13,—

HEFT 170
Prof. Dr. phil. Franz Wever, Dr. phil. Adolf Rose und Dipl.-Ing. L. Rademacher, Max-Planck-Institut für Eisenforschung, Düsseldorf
Anwendung der Umwandlungsschaubilder auf Fragen der Werkstoffauswahl beim Schweißen und Flammhärten
1955. 51 Seiten, 25 Abb. DM 13,70

HEFT 205
Dr. Carl Schaarwächter, Laboratorium für Rostschutz und Oberflächentechnik, Düsseldorf
Über plastische Kupfer-Eisen-Phosphor-Legierungen
1956. 25 Seiten, 10 Abb., 10 Tabellen. DM 8,30

HEFT 227
Prof. Dr. phil. Franz Wever und Dr. Wolfgang Wepner, Max-Planck-Institut für Eisenforschung, Düsseldorf
Untersuchung der Alterungsneigung von weichen unlegierten Stählen durch Härteprüfung bei Temperaturen bis 300° C
1956. 24 Seiten, 20 Abb., 3 Tabellen. DM 7,95

HEFT 228
Prof. Dr. phil Franz Wever, Dr. phil. Walter Koch und Dr. rer. nat. Bernd Alexander Steinkopf, Max-Planck-Institut für Eisenforschung, Düsseldorf
Spektrochemische Grundlagen der Analyse von Gemischen aus Kohlenmonoxyd, Wasserstoff und Stickstoff
1956. 31 Seiten, 18 Abb., 1 Tabelle. DM 9,90

HEFT 229
Prof. Dr. phil. Franz Wever, Dr. phil Walter Koch und Dr.-Ing. Hanns Malissa, Max-Planck-Institut für Eisenforschung, Düsseldorf
Über die Anwendung disubstituierter Dithiocarbamate der analytischen Chemie
1955. 30 Seiten, 30 Abb., 5 Tabellen. DM 10,50

HEFT 230
Prof. Dr. phil. Franz Wever und
Dr. phil. Wolfgang Wepner, Max-Planck-Institut für Eisenforschung, Düsseldorf
Bestimmung kleiner Kohlenstoffgehalte im α-Eisen durch Dämpfungsmessung
1955. 19 Seiten, 5 Abb., 2 Tabellen. DM 7,70

HEFT 234
Dr.-Ing K. G. Speith und Dr.-Ing A. Bungeroth Duisburg
Versuche zur Steigerung des Kokillen-Schluckvermögens beim Stranggießen von Stahl
1956. 15 Seiten, 5 Abb. DM 6,15

HEFT 244
Prof. Dr. phil. Franz Wever, Dr. phil. Walter Koch und Dr. Siegfried Eckhard, Max-Planck-Institut für Eisenforschung, Düsseldorf
Erfahrungen mit der spektrochemischen Analyse von Gefügebestandteilen des Stahles
1956. 22 Seiten, 8 Abb., 2 Tabellen. DM 7,80

HEFT 263
Prof. Dr. phil. Heinrich Lange und
Dipl.-Phys. Rudolf Kohlhaas, Institut für theoretische Physik der Universität Köln
Über die Wärmeleitfähigkeit von Stählen bei hohen Temperaturen: Teil I: Literaturbericht
1956. 37 Seiten, 26 Abb., 8 Tabellen. DM 10,70

HEFT 268
Prof. Dr.-Ing. G. Vogelpohl, VDI, Max-Planck-Institut für Strömungsforschung, Göttingen
Über die Tragfähigkeit von Gleitlagern und ihre Berechnung
1956. 66 Seiten, 24 Abb., 7 Tabellen. Vergriffen

HEFT 283
Prof. Dr.-phil Franz Wever und
Dr.-Ing. Werner Lueg, Max-Planck-Institut für Eisenforschung, Düsseldorf
Warmstauchversuche zur Ermittlung der Formänderungsfestigkeit von Gesenkschmiede-Stählen
1956. 31 Seiten, 19 Abb. DM 9,90

HEFT 288
Dr. phil Kurt Brücker-Steinkuhl, Düsseldorf
Anwendung mathematisch-statischer Verfahren in der Industrie
1956. 103 Seiten, 28 Abb., 14 Tabellen. Vergriffen

HEFT 290
Dr. rer. nat. Dietrich Horstmann, Max-Planck-Institut für Eisenforschung, Düsseldorf
I. Der verstärkte Angriff des Zinks auf Eisen im Temperaturgebiet um 500° C
II. Einfluß eines Antimongehaltes auf den Angriff von Zinkschmelzen auf Eisen
1956. 36 Seiten, 33 Abb., 3 Tabellen. DM 11,90

HEFT 291
Dr.-Ing. Hans-Joachim Wiester und
Dr. rer. nat. Dietrich Horstmann, Max-Planck-Institut für Eisenforschung, Düsseldorf
Der Angriff eisengesättigter Zinkschmelzen auf silizium- und manganhaltiges Eisen
1956. 40 Seiten, 45 Abb., 8 Tabellen. DM 12,60

HEFT 311
Prof. Dr. phil. Franz Wever und
Dr. phil. nat. Max Hempel, Düsseldorf
Dauerschwingfestigkeit von Stählen bei erhöhten Temperaturen
Teil I: Erkenntnisse aus bisherigen Dauerschwingversuchen in der Wärme
1956. 36 Seiten, 19 Abb., 2 Tabellen. DM 10,90

HEFT 312
Prof. Dr. phil. Franz Wever und
Dr. phil. nat. Max Hempel, Max-Planck-Institut für Eisenforschung, Düsseldorf
Dauerschwingfestigkeit von Stählen bei erhöhten Temperaturen
Teil II: Zug-Druck-Dauerschwingversuche an zwei warmfesten Stählen bei Temperaturen von 500 bis 650°C
1956. 36 Seiten, 20 Abb., 3 Tabellen. DM 13,—

HEFT 313
Prof. Dr. phil. Franz Wever, Dr. phil. Walter Koch und Dipl.-Phys. Helga Rohde, Max-Planck-Institut für Eisenforschung, Düsseldorf
Änderungen des Habitus und der Gitterkonstanten des Zementits in Chromstählen bei verschiedenen Wärmebehandlungen
1956. 76 Seiten, 20 Abb., 8 Tabellen. DM 20,90

HEFT 314
Prof. Dr. phil. Franz Wever,
Dr.-Ing. habil. Alfred Krisch und
Dr.-Ing. Hans-Joachim Wiester, Max-Planck-Institut für Eisenforschung, Düsseldorf
Veränderungen im Gefügeaufbau von Chrom-Nickel-Molybdän-Stählen bei langzeitiger Beanspruchung im Zeitstandversuch bei 500°
1956. 35 Seiten, 26 Abb., 5 Tabellen. DM 11,70

HEFT 315
Prof. Dr. phil. Franz Wever und
Dr.-Ing. habil. Alfred Krisch, Max-Planck-Institut für Eisenforschung, Düsseldorf
Metallkundliche Untersuchungen an Zeitstandproben
1956. 25 Seiten, 12 Abb. DM 9,15

HEFT 336
Dr. phil. Tung-ping Yao, Gießerei-Institut der Rhein.-Westf. Technischen Hochschule Aachen
Die Viskosität metallischer Schmelzen
1956. 53 Seiten, 28 Abb., 2 Tabellen. DM 14,40

HEFT 342
Prof. Dr.-Ing. Helmut Winterhager und
Dipl.-Ing. Wolfgang Barthel, Aachen
Die Gewinnung von Titan-Schlacken-Konzentraten aus eisenreichen Ilmeniten
1956. 47 Seiten, 30 Abb., 6 Tabellen. DM 13,30

HEFT 348
Prof. Dr.-Ing. Eugen Piwowarsky † und
Dr.-Ing. Ernst Günter Nickel. Gießerei-Institut der Rhein.-Westf. Technischen Hochschule Aachen
Metallurgie eines hochwertigen Gußeisens mit kompakter bis kegelförmiger Graphitausbildung
1956. 46 Seiten, 27 Abb., 5 Tabellen. DM 13,30

HEFT 349
Dr.-Ing. Wilhelm-Anton Fischer,
Dr.-Ing. Helmut Treppschuh und
Dr.-Ing. Karl Heinz Köthemann, Max-Planck-Institut für Eisenforschung, Düsseldorf
Tiegel aus Schmelzmagnesia für Vakuuminduktionsöfen
1957. 23 Seiten, 14 Abb. DM 8.40

HEFT 367
Dr. rer. nat. Dietrich Horstmann, Max-Planck-Institut für Eisenforschung, Düsseldorf
Der Angriff eisengesättigter Zinkschmelzen auf kohlenstoff-, schwefel- und phosphorhaltiges Eisen
1957. 42 Seiten, 22 Abb., 6 Tabellen. DM 12,85

HEFT 392
Prof. Dr. phil. Franz Wever,
Dr. phil. Walter Koch, Düsseldorf,
Dr.-Ing. Helmut Knüppel,
Dr. rer. nat. Bernd Alexander Steinkopf,
Dipl.-Ing. Karl Ernst Mayer und
Dipl.-Phys. Gert Wiethoff, Dortmund
Untersuchungen über den Konverterrauch im Hinblick auf die spektrale Überwachung des Thomasprozesses
1957. 36 Seiten, 14 Abb., 4 Tabellen. DM 12,10

HEFT 407
Prof. Dr.-Ing. Dr.-Ing. E. h. Hermann Schenk, Aachen und Dr.-Ing. Werner Wenzel, Bad Godesberg
Entwicklungsarbeiten auf dem Gebiete der Verhüttung von Erzstaub in Schmelzkammern
1957. 71 Seiten, 9 Abb., 18 Tabellen. DM 17,10

HEFT 408
Prof. Dr. phil. Franz Wever, Dr.-Ing. Werner Lueg und Dr.-Ing. Hans Günter Müller, Max-Planck-Institut für Eisenforschung, Düsseldorf
Kraft- und Arbeitsbedarf beim Warmscheren von Stahl in Abhängigkeit von Temperatur und Schnittgeschwindigkeit
1957. 33 Seiten, 15 Abb., 3 Tabellen. DM 11,35

HEFT 409
Prof. Dr. phil. Franz Wever,
Dr. phil. Walter Koch,
Dr. rer. nat. Christa Ilschner-Gensch und
Dipl.-Phys. Helga Rohde, Max-Planck-Institut für Eisenforschung, Düsseldorf
Das Auftreten eines kubischen Nitrids in aluminiumlegierten Stählen
1957. 26 Seiten, 12 Abb., 3 Tabellen. DM 10,10

HEFT 410
Prof. Dr. phil. Franz Wever,
Prof. Dr. rer. techn. Albert Kochendörfer,
Dr. phil. nat. Max Hempel und
Dipl.-Phys. Emil Hillenhagen, Max-Planck-Institut für Eisenforschung, Düsseldorf
Biegewechselversuche mit Flachproben aus Alpha-Eisen-Kristallen zur Bestimmung der Wechselfestigkeit und der Gleitspuren
1957. 100 Seiten, 58 Abb., 3 Tabellen. DM 30,—

HEFT 455
Dr.-Ing. Wilhelm Anton Fischer,
Dr.-Ing. Helmut Treppschuh und
Dipl.-Phys. Karl Heinz Köthemann, Max-Planck-Institut für Eisenforschung, Düsseldorf
Erschmelzung von Reinsteisen nach dem Kohlenstoffproduktionsverfahren und Kerbschlagzähigkeit-Temperatur-Kurven dieses Eisens
1957. 25 Seiten, 7 Abb., 6 Tabellen. DM 9,35

HEFT 456
Privatdozent Dr.-Ing. Karl Bungardt, Krefeld
Zeitstandversuche an austenitischen Stählen und Legierungen
1958. 23 Seiten und Anhang mit Abbildungen und Tafeln z. T. auf Falttafeln. DM 19,85

HEFT 457
Prof. Dr. phil. Franz Wever und
Dr. phil. Wolfgang Wepner, Max-Planck-Institut für Eisenforschung, Düsseldorf
Dämpfungsmessungen an schwach gereckten Eisen-Kohlenstoff-Legierungen
1957. 22 Seiten, 7 Abb., 3 Tabellen. DM 8,40

HEFT 458
Prof.-Ing. Dr.-Ing. E. h. Hermann Schenk und
Dr.-Ing. Eugen Schmidtmann, Aachen,
Dr.-Ing. Hans Kosmider, Dr.-Ing. Herbert Neuhaus und Dr.-Ing. Alfred Krüger, Haspe
Das Frischen von Thomas-Roheisen mit Sauerstoff-Wasserdampf-Gemischen und die Eigenschaften der damit erblasenen Stähle
1957. 50 Seiten, 56 Abb. DM 16,35

HEFT 459
Prof. Dr. phil. Franz Wever,
Dr. phil. Otto Krisement und Hanna Schädler, Max-Planck-Institut für Eisenforschung, Düsseldorf
Ein isothermes Mikrokalorimeter zur kinetischen Messung von Umwandlungs- und Ausscheidungsvorgängen in Legierungen
1957. 31 Seiten, 14 Abb. DM 10,75

HEFT 460
Prof. Dr. phil. Franz Wever und
Dr. rer. nat. Bernhard Ilschner, Max-Planck-Institut für Eisenforschung, Düsseldorf
Ein isothermes Lösungskalorimeter zur Bestimmung thermo-dynamischer Zustandsgrößen von Legierungen
1957. 31 Seiten, 7 Abb., 4 Tabellen. DM 10,40

HEFT 461
Prof. Dr.-Ing. habil. Eugen Piwowarsky †
Prof. Dr.-Ing. Wilhelm Patterson und
Dipl.-Ing. Friedrich Wilhelm Iske, Gießerei-Institut der Rhein.-Westf. Technischen Hochschule Aachen
Verbesserung der Zähigkeitseigenschaften von Bessemer-Stahlguß
1957. 41 Seiten, 15 Abb., 16 Tabellen. DM 12,75

HEFT 492
Prof. Dr. phil. Josef Meixner und
Dr. rer. nat. Bruno Munz, Institut für theoretische Physik der Rhein.-Westf. Technischen Hochschule Aachen
Zur Theorie der irreversiblen Prozesse in α-Eisen
1958. 10 Seiten, 1 Abb. DM 5,70

HEFT 519
Prof. Dr. phil. Franz Wever,
Dr. phil. Walter Koch und
Dr. phil. Siegfried Eckhard, Max-Planck-Institut für Eisenforschung, Düsseldorf
Die spektrographische Bestimmung der Spurenelemente in Stahl ohne vorherige Abbrennung
1958. 36 Seiten, 22 Abb. DM 12,60

HEFT 542
Dr. phil. nat. Gerhard Zapf, Schwelm
Entwicklung eines Verfahrens zur Herstellung von Formteilen aus Sintermessing
1958. 43 Seiten, 23 Abb., 7 Tabellen. DM 15,15

HEFT 552
Dr.-Ing. Gerhard Leiber und
Dipl.-Ing. Dieter Schauwinhold, Duisburg-Hamborn
Versuche zur Erzeugung halbberuhigten Stahles
1958. 28 Seiten, 23 Abb., 6 Tabellen. DM 11,30

HEFT 562
Prof. Dr.-Ing. Dr.-Ing. E. h. Hermann Schenck,
Prof. Dr. phil. habil. Norbert G. Schmahl und
Dr.-Ing. Götz Funke, Institut für Eisenhüttenwesen der Rhein.-Westf. Technischen Hochschule Aachen
Die Reduzierbarkeit von Eisenerzen
1958. 101 Seiten, 89 Abb., 10 Tabellen. DM 29,25

HEFT 573
Prof. Dr. phil. Franz Wever,
Dr. rer. nat. Werner Jellinghaus und
Dr.-Ing. Toshimori Shuin, Max-Planck-Institut für Eisenforschung, Düsseldorf
Gemischt-keramische Sinterwerkstoffe aus Aluminiumoxyd und Eisen oder Eisenlegierungen
1958. 76 Seiten, 39 Abb., 17 Tabellen. DM 22,65

HEFT 586
Dr.-Ing. Wilhelm Anton Fischer und
Dr. rer. nat. Alfred Hoffmann, Max-Planck-Institut für Eisenforschung, Düsseldorf
Verhalten von Eisen- und Stahlschmelzen im Hochvakuum
1958. 41 Seiten, 10 Abb., 13 Tabellen. DM 14,50

HEFT 597
Prof. Dr. phil. Franz Wever,
Dr. phil. Wilhelm Wink und
Dr. rer. nat. Werner Jellinghaus, Max-Planck-Institut für Eisenforschung, Düsseldorf
Suszeptibilitätsmessungen an hochwarmfesten Legierungen auf Nickel-Chrom- und Kobalt-Nickel-Chrom-Grundlage
1958. 34 Seiten, 10 Abb., 5 Tabellen. DM 12,—

HEFT 599
Prof. Dr. phil. Walter Koch und
Dipl.-Phys. Dr. phil. Heinz Sundermann, Max-Planck-Institut für Eisenforschung, Düsseldorf
Elektrochemische Grundlagen der Isolierung von Gefügebestandteilen in metallischen Werkstoffen
1958. 50 Seiten, 26 Abb., 2 Tabellen. DM 17,60

HEFT 600
Prof. Dr. phil. Walter Koch, Dr. phil. Siegfried Eckhard und Dr. rer. nat. Friedrich Stricker, Max-Planck-Institut für Eisenforschung, Düsseldorf
Die lichtelektrische Spektralanalyse der Gase im Stahl
1958. 53 Seiten, 27 Abb., 9 Tabellen. DM 15,10

HEFT 620
Dr. rer. nat. Dietrich Horstmann, Max-Planck-Institut für Eisenforschung und Gemeinschaftsausschuß Verzinken, Düsseldorf
Der Einfluß von Aluminium im Eisen- und im Zinkbad auf den Zinkangriff
1958. 29 Seiten, 17 Abb., 3 Tabellen. DM 9,40

HEFT 628
Dipl.-Ing. Walter Panknin und
Dipl.-Ing. Wolfgang Möhrlin, Verein Deutscher Ingenieure ADB, Düsseldorf
Die Ermittlung der Fließkurven von Schraubenwerkstoffen *1958. 20 Seiten, 8 Abb. DM 6,40*

HEFT 630
Prof. Dr. phil. Walter Koch und
Dr. techn. Dipl.-Ing. Hanns Malissa, Max-Planck-Institut für Eisenforschung, Düsseldorf
Beiträge zur Spurenanalyse im Reinsteisen
1958. 25 Seiten, 8 Tabellen. DM 7,60

HEFT 644
Prof. Dr.-Ing. Franz Bollenrath, Institut für Werkstoffkunde an der Rhein.-Westf. Technischen Hochschule Aachen
Untersuchung einiger mechanischer Eigenschaften von Sinteraluminium S. A. P. und S. A. P.-Avional
1958. 24 Seiten, 26 Abb. DM 8,10

HEFT 697
Prof. Dr.-Ing. Theodor Gast,
Dr.-Ing. Karl-Max Frhr. v. Meysenburg und
Prof. Dr.-Ing. Otto Krischer, Technische Hochschule Darmstadt
Untersuchung über die Erwärmungsvorgänge bei der Verarbeitung härtbarer und thermoplastischer Kunststoffe
1959. 91 Seiten, 34 Abb., 4 Tabellen. DM 16,90

HEFT 706
Prof. Dr.-Ing. Dr.-Ing. E. h. Hermann Schenck und Dr.-Ing. Hans Esch, Institut für Eisenhüttenwesen der Rhein.-Westf. Technischen Hochschule Aachen
Zur Untersuchung der Hochofenvorgänge
1959. 32 Seiten, 23 Abb. DM 9,90

HEFT 737
Prof. Dr.-Ing. habil. Karl Krekeler,
Dr.-Ing. Heinz Peukert und Dipl.-Ing. Josef Eilers, Institut für Kunststoffverarbeitung an der Rhein.-Westf. Technischen Hochschule Aachen
Festigkeitsuntersuchungen an Rohren aus Thermoplasten
1959. 66 Seiten, 84 Abb. DM 19,40

HEFT 748
Prof. Dr. phil. nat. habil. Hans-Ernst Schwiete,
Dr.-Ing. Harald Knoblauch und
Dr. rer. nat. Günther Ziegler, Institut für Gesteinshüttenkunde der Rhein.-Westf. Technischen Hochschule Aachen
Die Hydratation der Verbindungen $3\,CaO \cdot SiO_2$ und $\beta\text{-}2\,CaO \cdot SiO_2$
1959. 56 Seiten, 22 Abb., 14 Tabellen. DM 15,70

HEFT 780
Prof. Dr. phil. Franz Wever,
Dr.-Ing. Werner Lueg und Dr.-Ing. Paul Funke, Max-Planck-Institut für Eisenforschung, Düsseldorf
Untersuchung von Walzöl und Walzölemulsionen im Kaltwalzversuch
1959. 68 Seiten, 28 Abb., mehr. Tabellen. DM 18,50

HEFT 788
Prof. Dr.-Ing. Herwart Opitz, Laboratorium für Werkzeugmaschinen und Betriebslehre an der Rhein.-Westf. Technischen Hochschule Aachen
Der Einsatz radioaktiver Isotope bei Zerspanungsuntersuchungen
1959. 35 Seiten, 23 Abb. DM 11,30

HEFT 797
Prof. Dr. phil. Heinrich Lange und
Dr. rer. nat. Rudolf Kohlhaas, Institut für theoretische Physik der Universität Köln
Über die wahre spezifische Wärme von Eisen, Nickel und Chrom bei hohen Temperaturen
Neue Verfahren zur Messung der wahren spezifischen Wärme von Metallen bei hohen Temperaturen
1960. 115 Seiten, 38 Abb., 24 Tabellen. DM 31,20

HEFT 798
Dr. rer. nat. Karl Wassmann, Mönchengladbach
Einfluß der Schutzgasatmosphäre auf die Eigenschaften von Sinterstahl
1959. 94 Seiten, 65 Abb., 19 Tabellen. DM 27,—

HEFT 799
Dipl.-Ing. Helmut Weiss, Frankfurt a. M.
Aufkohlung und Härtung von Sintereisen-Werkstoffen
1960. 61 Seiten, 56 Abb., 2 Tabellen. DM 18,80

HEFT 800
Dipl.-Ing. Otto Schindler, Lehrstuhl für Stahlbau, Technische Hochschule Hannover
Untersuchungen an geschweißten Hüttenkranen
Ein Beitrag zur Berechnung dünnwandiger Hohlkästen
1959. 46 Seiten, 14 Abb., 2 Tabellen. DM 13,20

HEFT 801
Baurat Dipl.-Ing. Waldemar Gesell, Staatliche Ingenieurschule für Maschinenwesen, Duisburg
Ersatz von Quarzsand als Strahlmittel
1960. 66 Seiten, 12 Abb., 4 Tabellen. 17 Diagramme. DM 18,90

HEFT 833
Prof. Dr.-Ing. Helmut Winterhager und Dr.-Ing. Dan Hubert Hermes, Institut für Metallhüttenwesen und Elektrometallurgie der Rhein.-Westf. Technischen Hochschule Aachen
Anodennebenreaktionen bei der Silberraffinationselektrolyse
1960. 55 Seiten, 21 Abb., 10 Tabellen. DM 15,60

HEFT 834
Prof. Dr.-Ing. Helmut Winterhager und Dr.-Ing. Klaus Reiprich, Institut für Metallhüttenwesen und Elektrometallurgie der Rhein.-Westf. Technischen Hochschule Aachen
Studie über den Glänzabbau des Reinstaluminiums in Flußsäure enthaltenden chemischen Glänzbädern
1960. 92 Seiten, 88 Abb., 7 Tabellen. DM 27,30

HEFT 840
Prof. Dr. phil. Franz Wever, Dr.-Ing. Hans-Günter Müller und Dr.-Ing. Paul Funke, Max-Planck-Institut für Eisenforschung, Düsseldorf
Versuchsmäßige und rechnerische Bestimmung von Walzkraft und Drehmoment unter Einwirkung von Bandzugspannungen beim Kaltwalzen von Bandstahl
1960. 36 Seiten, 12 Abb., 3 Tafeln. DM 10,90

HEFT 841
Dr. rer. nat. Hubert Blanck, Max-Planck-Institut für Eisenforschung, Düsseldorf
Untersuchungen zur Kinetik des Martensitzerfalls
1960. 33 Seiten, 11 Abb., 2 Tabellen. DM 10,30

HEFT 849
Direktor Ludwig Martin, Wuppertal-Elberfeld und Friedrich Steiner, Ratingen
Weiterentwicklung von Friktionswerkstoffen
1960. 66 Seiten, 70 Abb., 3 Tabellen. DM 20,50

HEFT 939
Prof. Dr.-Ing. habil. Wilhelm Petersen und Dipl.-Ing. Hans Mingenbach, Dozentur für Brikettierung der Rhein.-Westf. Technischen Hochschule Aachen
Untersuchungen über die Herstellung von Erzbriketts
1961. 83 Seiten, 67 Abb., 2 Tabellen. DM 25,60

HEFT 957
Prof. Dr.-Ing. Dr.-Ing. E. h. Hermann Schenck, Prof. Dr.-Ing. Eugen Schmidtmann und Dr.-Ing. Helmut Brandis, Institut für Eisenhüttenwesen der Rhein.-Westf. Technischen Hochschule Aachen
Mechanische und physikalische Prüfverfahren zur Ermittlung der Vorgänge bei der Abschreck- und Verformungsalterung
1961. 47 Seiten, 34 Abb. DM 14,90

HEFT 958
Prof. Dr.-Ing. Dr.-Ing. E. h. Hermann Schenck, Prof. Dr.-Ing. Eugen Schmidtmann und Dr.-Ing. Heinz Müller, Institut für Eisenhüttenwesen der Rhein.-Westf. Technischen Hochschule Aachen
Untersuchungen zur Isolierung von Einschlüssen und Korngrenzensubstanzen in Eisenwerkstoffen nach dem Dünnschliffverfahren. Innere Oxydation von Eisenlegierungen
1961. 50 Seiten, 33 Abb., 2 Tabellen. DM 15,90

HEFT 961
Prof. Dr.-Ing. Wilhelm Patterson und Dr.-Ing. Dietmar Boenisch, Gießerei-Institut der Rhein.-Westf. Technischen Hochschule Aachen
Eigenschaften und Eigenschaftsänderungen der Tonmineralien in Formsanden
1961. 33 Seiten, 16 Abb. DM 10,90

HEFT 962
Prof. Dr.-Ing. Wilhelm Patterson und Dr.-Ing. Philipp Schneider, Gießerei-Institut der Rhein.-Westf. Technischen Hochschule Aachen
Untersuchungen über die Oberflächenfeingestalt von Gußstücken
1961. 69 Seiten, 52 Abb., 1 Bildtafel. DM 20,80

HEFT 963
Prof. Dr.-Ing. Wilhelm Patterson und Dr.-Ing. Wilhelm Weskamp, Gießerei-Institut der Rhein.-Westf. Technischen Hochschule Aachen
Versuche zur Steigerung der Temperatur in der Schmelzzone des Kupolofens und zur Erzielung eines optimalen thermischen Wirkungsgrades durch Verwendung von HC-Koks in unterschiedlicher Stückgröße
1961. 87 Seiten, 29 Abb., 30 Tabellen. DM 28,30

HEFT 964
Prof. Dr.-Ing. Wilhelm Patterson und Dr.-Ing. Friedrich Iske, Gießerei-Institut der Rhein.-Westf. Technischen Hochschule Aachen
Zusammenhang zwischen den mechanischen Eigenschaften im Gußstück und im getrennt gegossenen Probestab
1961. 82 Seiten, 53 Abb., 13 Tabellen. DM 23,80

HEFT 968
Prof. Dr.-Ing. habil. Anton Königer †, Institut für Gießereikunde der Technischen Universität Berlin
Zur Kenntnis der Passivierbarkeit und Korrosionsbeständigkeit technischer Eisensorten
1961. 25 Seiten, 7 Abb., 8 Tabellen. DM 8,90

HEFT 969
Prof. Dr. phil. Erich Scheil, Düsseldorf
Über den Zustand von Metallschmelzen
1961. 37 Seiten, 23 Abb., 2 Tabellen. DM 11,90

HEFT 970
*Prof. Dr.-Ing. Anton Königer † und
Dipl.-Ing. Günther Kuhl, Institut für Gießereikunde der Technischen Universität Berlin*
Der Einfluß verschiedener Begleit- und Legierungselemente auf das Viskositätsverhalten von Gußeisenschmelzen
1961. 26 Seiten, 14 Abb., 6 Tabellen. DM 8,60

HEFT 1016
Dr. rer. nat. W. Jellinghaus, Max-Planck-Institut für Eisenforschung, Düsseldorf
Sinterwerkstoffe aus Nickel oder Nickelaluminid mit Aluminiumoxyd
1961. 33 Seiten, 22 Abb., 6 Tabellen. DM 13,50

HEFT 1057
*Prof. Dr.-Ing. Dr.-Ing. E. h. Hermann Schenck, Dr.-Ing. Werner Wenzel und
Dr.-Ing. Hanns-Dieter Butzmann, Institut für Eisenhüttenwesen der Rhein.-Westf. Technischen Hochschule Aachen*
Die Reduktion von Eisenerzen im heterogenen Wirbelbett
1961. 87 Seiten, 32 Abb., 5 Tabellen. DM 28,20

HEFT 1067
*Prof. Dr.-Ing. Dr.-Ing. E. h. Hermann Schenck und
Dr.-Ing. Klaus-Dieter Unger, Institut für Eisenhüttenwesen der Rhein.-Westf. Technischen Hochschule Aachen*
Versuche zur Bestimmung von Verunreinigungen in Metallen; insbesondere von Oxyden und Oxydverbindungen in technischen Stählen
1962. 34 Seiten, 10 Abb., 3 Tabellen. DM 13,40

HEFT 1068
*Prof. Dr.-Ing. Dr.-Ing. E. h. Hermann Schenck, Dr.-Ing. Werner Wenzel, Dr.-Ing. Günter Lindelar, Prof. Dr.-Ing. Rudolf Spolders und
Dr.-Ing. Hilmar Weidenmüller, Institut für Eisenhüttenwesen der Rhein.-Westf. Technischen Hochschule Aachen*
Der Einfluß des Schwefels und der Kohlenoxydspaltung auf den Hochofenprozeß
1962. 222 Seiten, 99 Abb., 51 Tabellen. DM 49,50

HEFT 1083
*Prof. Dr.-Ing. Franz Bollenrath und
Ahmed Ali Salem El-Sabbagh, Institut für Werkstoffkunde der Rhein.-Westf. Technischen Hochschule Aachen*
Untersuchungen über die Warmfestigkeit von Hartlötverbindungen
1963. 80 Seiten, 88 Abb., 7 Tabellen. DM 59,40

HEFT 1092
*Prof. Dr.-Ing. habil. Anton Königer † und
Dr.-Ing. Manfred Odendahl, Institut für Gießereikunde der Technischen Universität Berlin*
Der Einfluß von Oxyden auf die Viskosität von reinen Eisen-Kohlenstoff-Silizium-Legierungen
1962. 23 Seiten, 9 Abb. DM 10,40

HEFT 1093
*Dr.-Ing. Wolf Dieter Röpke und
Dr.-Ing. Abbas Sabé, Institut für Gießereikunde der Technischen Universität Berlin*
Das Fließvermögen und die Warmrißneigung von Stahl mit besonderer Berücksichtigung des Einflusses von hohen Molybdängehalten
1962. 37 Seiten, 21 Abb., 4 Tabellen. DM 17,—

HEFT 1094
*Prof. Dr.-Ing. habil. Anton Königer † und
Prof. Dr. phil. Emanuel Pfeil, Institut für Gießereikunde der Technischen Universität Berlin*
Versuche zur Entwicklung von Korrosions-Prüfmethoden
1962. 23 Seiten, 7 Abb., 3 Tabellen. DM 10,80

HEFT 1113
Dr. rer. nat. Wolfgang Pitsch, Max-Planck-Institut für Eisenforschung, Düsseldorf
Die kristallographischen Eigenschaften der Nitridausscheidungen im α-Eisen
1962. 21 Seiten, 8 Abb., 3 Tabellen. DM 11,—

HEFT 1114
*Dipl.-Chem. Dr. phil. Siegfried Eckhard und
Dipl.-Phys. Walter Baum, Max-Planck-Institut für Eisenforschung, Düsseldorf*
Über ein physikalisches Verfahren zur Bestimmung des Wasserstoffs im ternären Gemisch mit Stickstoff und Kohlenmonoxyd
1962. 63 Seiten, 31 Abb. DM 39,80

HEFT 1122
*Prof. Dr.-Ing. Dr.-Ing. E. h. Hermann Schenck, Dozent Dr.-Ing. Werner Wenzel und
Dr.-Ing. Günther Dietrich, Institut für Eisenhüttenwesen der Rhein.-Westf. Technischen Hochschule Aachen*
Reaktionskinetische Betrachtung des Sintervorganges und Möglichkeiten zur Leistungssteigerung. Entwicklung eines Schachtsinterverfahrens
1962. 93 Seiten, 24 Abb., 5 Tabellen. DM 44,50

HEFT 1158
Dr.-Ing. habil. Alfred Krisch, Max-Planck-Institut für Eisenforschung, Düsseldorf
Über die Extrapolation von Zeitstandversuchen
1963. 31 Seiten, 13 Abb., 2 Tabellen. DM 17,50

HEFT 1190
Dipl.-Ing. Otto Schulte, Bericht aus dem Institut für Bildsame Formgebung der Rhein.-Westf. Technischen Hochschule Aachen
Einfluß kleiner Formänderungsgeschwindigkeiten auf die Formänderungsfestigkeit verschieden legierter Stähle und Nicht-Eisen-Metalle bei Warm-Formgebungstemperaturen
1966. 92 Seiten, 79 Abb., 3 Tabellen. DM 72,—

HEFT 1191
*Prof. Dr.-Ing. habil. Anton Königer †,
Dr.-Ing. Manfred Odendahl und Eberhard Pahl, Institut für Gießereikunde der Technischen Universität Berlin*
Über die Bildsamkeit von tongebundenen Formsanden
1963. 33 Seiten, 21 Abb., 4 Tabellen. DM 18,—

HEFT 1192
Prof. Dr.-Ing. habil. Anton Königer † und Dr.-Ing. Peter R. Sahm, Institut für Gießereikunde der Technischen Universität Berlin
Das Fließvermögen reiner und sauerstoffhaltiger Kupferschmelzen
1963. 47 Seiten, 38 Abb. 3 Tabellen. DM 31,80

HEFT 1193
Prof. Dr.-Ing. Helmut Winterhager und Dr.-Ing. Reinhard K. Buchner, Institut für Metallhüttenwesen und Elektrometallurgie der Rhein.-Westf. Technischen Hochschule Aachen
Beitrag zum experimentellen Problem der Messung schneller Elektrodenvorgänge
1963. 40 Seiten, 14 Abb. DM 17,—

HEFT 1194
Dr. rer. nat. Werner Jellinghaus, Max-Planck-Institut für Eisenforschung, Düsseldorf
Beiträge zur Konstitution metallischer Stoffe durch Suszeptibilitätsmessungen
1963. 25 Seiten, 8 Abb., 3 Tabellen. DM 14,—

HEFT 1253
Dipl.-Ing. Alfred Puck, Dipl.-Ing. Horst Wurtinger, Deutsches Kunststoffinstitut, Darmstadt
Werkstoffgemäße Dimensionierungs-Größen für den Entwurf von Bauteilen aus kunstharzgebundenen Glasfasern
Teil I und II
1963. 149 Seiten, 73 Abb., 8 Tabellen. DM 76,—

HEFT 1305
Dr. phil. Hermann Möller und Dipl.-Phys. Helmut Weeber, Max-Planck-Institut für Eisenforschung, Düsseldorf
Die Bildgüte bei der Durchstrahlung von Werkstoffen mit Röntgen- oder Gammastrahlen von 0,1 bis 31 MeV
1963. 69 Seiten, 40 Abb., 2 Tabellen. DM 32,90

HEFT 1344
Prof. Dr.-Ing. Dr.-Ing. E. h. Hermann Schenck, Dozent Dr.-Ing. Werner Wenzel, Dr.-Ing. Hans D. Kluger, Institut für Eisenhüttenwesen der Rhein.-Westf. Technischen Hochschule Aachen
Über das Reduktionsverhalten eisenoxydhaltiger Schlacken
1964. 91 Seiten, 60 Abb., 6 Tabellen im Anhang. DM 44,—

HEFT 1355
Dr.-Ing. habil. Alfred Krisch, Max-Planck-Institut für Eisenforschung, Düsseldorf
Kriechverhalten, Gefügeänderung und Risse bei mehrjährigen Zeitstandversuchen
1964. 27 Seiten, 17 Abb., 6 Tabellen. DM 14,80

HEFT 1379
Dr. phil. nat. Max Hempel, Max-Planck-Institut für Eisenforschung, Düsseldorf
Dauerschwingfestigkeit bei 20 und 500°C von Stählen mit niedrigem Kohlenstoffgehalt und verschiedenen Titan-Zusätzen
1964. 58 Seiten, 27 Abb., 12 Tabellen. DM 34,—

HEFT 1384
Dr. rer. nat. Hans-Jürgen Engell, Dr. rer. nat. Anton Bäumel und Dr. rer. nat. Konrad Bohnenkamp, Max-Planck-Institut für Eisenforschung, Düsseldorf
Die Spannungsrißkorrosion von Weicheisen in Kalzium-Nitratlösungen
1964. 46 Seiten, 27 Abb., 2 Tabellen. DM 25,50

HEFT 1385
Prof. Dr.-Ing. Helmut Winterhager und Dr.-Ing. Roland Kammel, Institut für Metallhüttenwesen und Elektrometallurgie der Rhein.-Westf. Technischen Hochschule Aachen
Über die elektrochemischen Grundlagen der Zinkchlorid-Schmelzflußelektrolyse
1964. 52 Seiten, 22 Abb., 24 Tabellen. DM 25,50

HEFT 1387
Dipl.-Chem. Wolfgang Werner, im Auftrage der Deutschen Industrie-Werke Aktiengesellschaft, Berlin-Spandau
Verbesserung der Eigenschaften von Sinterteilen durch Nachbehandlung (Oberflächenveredelung, Korrosionsschutz)
1964. 44 Seiten, 21 Abb., 16 Tabellen. DM 23,80

HEFT 1391
Dipl.-Phys. Dr. rer. nat. Ernst Wachtel und Dipl.-Phys. Erich Übelacker, Max-Planck-Institut für Metallforschung, Stuttgart, im Auftrage des Vereins Deutscher Gießereifachleute, Düsseldorf
Messung der Dichte und der magnetischen Suszeptibilität von Zinn–Zink-Legierungen
1964. 42 Seiten, 23 Abb., 4 Tabellen. DM 23,50

HEFT 1398
Prof. Dr.-Ing. Eberhard Schürmann und Dr.-Ing. Horst-Carsten Groth, Institut für Gießereiwesen der Bergakademie Clausthal, im Auftrage des Vereins Deutscher Gießereifachleute, Düsseldorf
Schmelzgleichgewichte im System Eisen–Schwefel–Kohlenstoff–Phosphor und Silizium bei 1400°C
1964. 31 Seiten, 6 Abb., 6 Tabellen. DM 15,50

HEFT 1403
Dr. phil. nat. Gerhard Zapf, Dipl.-Ing. Ulrich Völker und Ing. Rudolf Reinstadtler, im Auftrage der Forschungsgemeinschaft Pulvermetallurgie, Schwelm
Entwicklung von Fertigungsmethoden zur Erzeugung hochfester Sinterteile, Teil I und II
1965. 170 Seiten, 54 Abb., 13 Tabellen, 29 Auswertungstafeln, 55 Diagramme. DM 74,50

HEFT 1414
Prof. Dr. phil. Walter Koch, Dipl.-Phys. Heiga Kolbe-Rohde und Dr. rer. nat. Jürgen Dittmann, Max-Planck-Institut für Eisenhüttenwesen der Rhein.-Westf. Technischen Hochschule Aachen
Untersuchungen zur Kinetik der Karbidbildung in Chromstählen
1964. 21 Seiten, 6 Abb., 4 Tabellen. DM 12,—

HEFT 1415
Prof. Dr.-Ing. Dr.-Ing. E. h. Hermann Schenck, Dozent Dr.-Ing. Werner Wenzel und Dr.-Ing. Trimbak Herwadkar, Institut für Eisenhüttenwesen der Rhein.-Westf. Technischen Hochschule Aachen
Stückigmachung von Feinerz auf dem Wanderrost in Gemischen mit Feinkohle
1964. 100 Seiten, 34 Abb., 21 Tabellen. DM 43,80

HEFT 1416
Prof. Dr.-Ing. Dr. h. c. Herwart Opitz und Dipl.-Ing. H. H. Bech, Laboratorium für Werkzeugmaschinen und Betriebslehre der Rhein.-Westf. Technischen Hochschule Aachen, im Auftrage des Vereins Deutscher Gießereifachleute, Düsseldorf
Bearbeitung von Leichtmetallen
1964. 39 Seiten, 22 Abb., 5 Tabellen. DM 26,50

HEFT 1419
Prof. Dr. phil. Adolf Rose, Dr.-Ing. Hans Paul Hougardy und Dr.-Ing. Albert Klein, Max-Planck-Institut für Eisenforschung, Düsseldorf
Der Einfluß der Unterkühlung auf die Kristallisationsformen von voreutektoidisch ausgeschiedenen Phasen und von eutektoidischen Phasengemengen
1964. 83 Seiten, 51 Abb., 4 Tabellen. DM 47,50

HEFT 1420
Prof. Dr. phil. Erich Scheil† und Dr. rer. nat. Hans Leo Lukas, im Auftrage des Vereins Deutscher Gießereifachleute, Düsseldorf
Messung des Dampfdruckes von magnesiumhaltigen Gußeisenschmelzen
1964. 19 Seiten, 8 Abb. DM 12,—

HEFT 1428
Prof. Dr.-Ing. Max Vater, Dipl.-Ing. Gerhard Nebe und Dipl.-Ing. Ansgar Schütza, Institut für Bildsame Formgebung der Rhein.-Westf. Technischen Hochschule Aachen
Mechanische Entzunderung von Blechen und Bändern
1965. 104 Seiten, 124 Abb., 6 Tabellen. DM 66,80

HEFT 1447
Dr. phil. Wolfgang Wepner, Max Planck-Institut für Eisenforschung, Düsseldorf
Restwiderstandsmessungen an reinem Eisen
1964. 23 Seiten, 5 Abb., 2 Tabellen. DM 12,50

HEFT 1448
Dr. rer. nat. Ralf Damm und Dr. rer. nat. Ernst Wachtel, Max-Planck-Institut für Metallforschung, Stuttgart, im Auftrage des Vereins Deutscher Gießereifachleute, Düsseldorf
Magnetische Messungen und kinetische Versuche an flüssigen Wismut–Mangan-Legierungen
1965. 25 Seiten, 9 Abb. DM 12,80

HEFT 1474
Prof. Dr.-Ing. Max Vater, Dipl.-Ing. Gerhard Nebe und Dipl.-Ing. Ansgar Schütza, Institut für Bildsame Formgebung der Rhein.-Westf. Technischen Hochschule Aachen
Beitrag zur mechanischen Entzunderung von Draht
1965. 35 Seiten, 19 Abb. DM 19,80

HEFT 1482
Prof. Dr. Theo Heumann und Richard Schürmann, Institut für Metallforschung der Universität Münster
Über die Beeinflussung der Passivierbarkeit aktiver Metalle durch Zulegieren von Chrom und Nickel
1965. 43 Seiten, 27 Abb. DM 23,50

HEFT 1487
Dr.-Ing. Werner Schwenzfeier und Dr.-Ing. Oskar Pawelski, Max-Planck-Institut für Eisenforschung, Düsseldorf
Glühversuche an Stahldrähten in verschiedenen Ofenatmosphären
1965. 45 Seiten, 34 Abb., 2 Tabellen. DM 25,80

HEFT 1491
Prof. Dr.-Ing. Wilhelm Patterson, Dr.-Ing. Peter Coppetti
Gießerei-Institut der Rhein.-Westf. Technischen Hochschule Aachen
Prof. Dr.-Ing. Dr. h. c. Herwart Opitz
Laboratorium für Werkzeugmaschinen und Betriebslehre der Rhein.-Westf. Technischen Hochschule Aachen
Zerspanbarkeit von Grauguß
1965. 109 Seiten, 54 Abb., 5 Tabellen. 59,50

HEFT 1492
Dr. phil. nat. Max Hempel und Dr. rer. nat. Emil Hillnhagen, Max-Planck-Institut für Eisenforschung, Düsseldorf
Einfluß der Erschmelzungsart auf die Dauerschwingfestigkeit ungekerbter und gekerbter Proben eines Wälzlagerstahles
1965. 63 Seiten, 21 Abb., 12 Tabellen. DM 38,—

HEFT 1495
Prof. Dr.-Ing. Wilhelm Patterson, Dr.-Ing. Helmut Brand und Dipl.-Ing. Heinrich Traßl, Gießerei-Institut der Rhein.-Westf. Technischen Hochschule Aachen
Das Viskositätsverhalten flüssiger Bleilegierungen im Konzentrationsbereich der festen Löslichkeit
1965. 24 Seiten, 9 Abb., 2 Tabellen. DM 13,—

HEFT 1496
Prof. Dr. phil. Karl Löhberg und Dipl.-Ing. Günther Kühl, Institut für Gießereikunde der Technischen Universität Berlin, im Auftrage des Vereins Deutscher Gießereifachleute, Düsseldorf
Einfluß von Magnesium und Cer auf die Viskosität behandelter Gußeisenschmelzen sowie Abbrand des Magnesiums und Änderung des Sauerstoffgehaltes in Abhängigkeit von der Abstehzeit
1965. 26 Seiten, 7 Abb., 5 Tabellen. DM 12,80

HEFT 1502
Prof. Dr.-Ing. Wilhelm Patterson, Dr.-Ing. Walter Koppe und Dr.-Ing. Siegfried Engler, Gießerei-Institut der Rhein.-Westf. Technischen Hochschule Aachen
Untersuchungen zur Erstarrung und Speisung von Gußeisen
1965. 96 Seiten, 51 Abb., 3 Tabellen. DM 52,80

HEFT 1503
Prof. Dr.-Ing. Max Vater, Dipl.-Ing. Gerhard Nebe und Dipl.-Ing. Ansgar Schütza, Institut für Bildsame Formgebung der Rhein.-Westf. Technischen Hochschule Aachen
Beitrag zur Prüfung metallischer Strahlmittel
1965. 77 Seiten, 69 Abb., 11 Tabellen. DM 49,—

HEFT 1534
Prof. Dr. phil. Adolf Rose, Max-Planck-Institut für Eisenforschung, Düsseldorf
Schweißbarkeit und Umwandlungsverhalten der Stähle
1965. 57 Seiten, 20 Abb., 5 Tabellen. DM 39,—

HEFT 1552
Fachausschuß Stahlguß im Verein Deutscher Gießereifachleute, Düsseldorf
Einfluß der Oberflächenbeschaffenheit auf die Dauerfestigkeit von Stahlguß
1965. 38 Seiten, zahlr. Abb. und Tabellen. DM 24,80

HEFT 1571
Dr. phil. Heinz Kudielka und M. Sc. Teruo Yukitoshi, Max-Planck-Institut für Eisenforschung, Düsseldorf
Röntgenfluoreszenz-Untersuchungen an kleinen Feststoff-Oberflächen und konzentrierten Salzlösungen
1965. 48 Seiten, 24 Abb., 13 Tabellen. DM 29,50

HEFT 1578
Prof. Dr.-Ing. Franz Bollenrath und Dipl.-Ing. Hugo Feldmann, Institut für Werkstoffkunde der Rhein.-Westf. Technischen Hochschule Aachen
Einfluß der Verformung und Temperatur auf mechanische Eigenschaften von unlegiertem Titan
1966. 103 Seiten, 43 Abb., 11 Tabellen. DM 62,50

HEFT 1580
Prof. Dr.-Ing. Hermann Schenck und Dr.-Ing. Franz Neumann, Institut für Eisenhüttenwesen und Gießerei-Institut der Rhein-Westf. Hochschule Aachen
Über den Einfluß von Zusatzelementen auf das Verhalten des Kohlenstoffs in flüssigen Eisenlegierungen und die Beziehung zu ihrer Stellung im Periodischen System
1966. 29 Seiten, 15 Abb., 2 Tabellen. DM 23,—

HEFT 1589
Prof. Dr.-Ing. Dr.-Ing. E. h. Hermann Schenck, Aachen, Prof. Dr.-Ing. habil. Mathias Nacken, Aachen, Dr.-Ing. Ernst Potthast, Völklingen, und Dipl.-Phys. Edith Butenuth, Aachen.
Institut für Eisenhüttenwesen und Gemeinschaftslabor für Elektronenmikroskopie der Rhein.-Westf. Technischen Hochschule Aachen
Untersuchungen über die Existenzbereiche der Eisenkarbide mit Hilfe der Elektronenmikroskopie und Elektronenbeugung
1966. 81 Seiten, 47 Abb., 6 Tabellen. DM 55,30

HEFT 1591
Prof. Dr.-Ing. Wilhelm Patterson und Dozent Dr.-Ing. Siegfried Engler, Gießerei-Institut der Rhein.-Westf. Technischen Hochschule Aachen
Volumendefizit und Lunkerung bei der Erstarrung von Metallen
1966. 51 Seiten, 29 Abb., 5 Tabellen. DM 31,—

HEFT 1592
Prof. Dr.-Ing. habil. Dr. h. c. Max Fink und Dr.-Ing. Alfred E. Steinegger, Institut für Fördertechnik und Schienenfahrzeuge der Rhein.-Westf. Technischen Hochschule Aachen.
Direktor: Prof. Dr.-Ing. habil. Dr. h. c. Max Fink und Forschungsinstitut der Gesellschaft zur Förderung der Glimmentladungsforschung e. V., Köln
Direktor: Prof. Dr. Martin Schmeisser
Die Erscheinung der Reiboxydation an ionitrierten Stahloberflächen
1965. 83 Seiten, 10 Abb., 16 Tabellen, 15 Tafeln. DM 49,50

HEFT 1615
Prof. Dr.-Ing. Wilhelm Patterson und Dozent Dr.-Ing. Siegfried Engler, Gießerei-Institut der Rhein.-Westf. Technischen Hochschule Aachen
Die »gerichtete Erstarrung« als Voraussetzung zur Herstellung dichter Gußstücke
1966. 33 Seiten, 17 Abb., 2 Tabellen. DM 18,—

HEFT 1617
Dr.-Ing. Alfred F. Steinegger und Dipl.-Ing. Josef Kläusler, Forschungsinstitut der Gesellschaft zur Förderung der Glimmentladungsforschung e. V., Köln
Direktor: Prof. Dr. Martin Schmeißer
Untersuchung der Notlaufeigenschaften inoitrierter Laufflächen bei gleitender Reibung
1966. 39 Seiten, 28 Abb., 5 Tabellen. DM 24,20

HEFT 1622
Prof. Dr.-Ing. Wilhelm Patterson, Prof. Dr.-Ing. Hermann Schenck und Priv.-Doz. Dr.-Ing. Franz Neumann
Gießerei-Institut der Rhein.-Westf. Technischen Hochschule Aachen und Institut für Eisenhüttenwesen der Rhein.-Westf. Technischen Hochschule Aachen
Einfluß der Eisenbegleiter auf Kohlenstofflöslichkeit, Kohlenstoffaktivität und Sättigungsgrad im Gußeisen
1966. 30 Seiten, 5 Abb., 2 Tabellen. DM 24,—

HEFT 1626
Prof. Dr.-Ing. Dr.-Ing. E. h. Hermann Schenck, Dozent Dr.-Ing. Werner Wenzel, Dr.-Ing. B. R. Rajasekhar und Dipl.-Phys. Franz Rudolf Block, Institut für Eisenhüttenwesen der Rhein.-Westf. Technischen Hochschule Aachen
Das metallurgische und elektrische Verhalten von Koks, insbesondere von Erzkoks, unter den realen Bedingungen des elektrischen Niederschachtofens
1966. 135 Seiten, 76 Abb., 20 Tabellen. DM 85,80

HEFT 1627
Prof. Dr.-Ing. Dr.-Ing. E. h. Hermann Schenck, Dozent Dr.-Ing. Werner Wenzel und Dr.-Ing. Karl-Heinz Kleemann, Institut für Eisenhüttenwesen der Rhein.-Westf. Technischen Hochschule Aachen
Entzinkung von Gichtstaub im Schmelzsyklon
1966. 82 Seiten, 33 Abb., 2 Tabellen. DM 43,40

HEFT 1628
Prof. Dr.-Ing. Wilhelm Patterson und Dr.-Ing. Wolfgang Standke, Gießerei-Institut der Rhein.-Westf. Technischen Hochschule Aachen, in Zusammenarbeit mit dem Verein Deutscher Gießereifachleute, Düsseldorf
Einfluß der Einsatzstoffe, der Schmelzführung im Induktionsofen und der Impfbehandlung auf das Gefüge und die mechanischen Eigenschaften von Gußeisen mit Lamellengraphit
1966. 69 Seiten, 33 Abb., 7 Tabellen. DM 40,—

HEFT 1629
Priv.-Dozent Dr.-Ing. Franz Neumann, Prof. Dr.-Ing. Wilhelm Patterson und Dipl.-Ing. Dieter Albrecht, Gießerei-Institut der Rhein.-Westf. Technischen Hochschule Aachen
Gleichgewichtsuntersuchungen über den gemeinsamen Einfluß von Mangan und Schwefel auf das physikalisch-chemische Verhalten des im flüssigen Eisen gelösten Kohlenstoffs im Bereich der Kohlenstoffsättigung
1966. 40 Seiten, 14 Abb., 4 Tabellen. DM 28,70

HEFT 1630
Prof. Dr.-Ing. Helmut Winterhager, Dr.-Ing. Lothar Greiner und Dr.-Ing. Roland Kammel, Institut für Metallhüttenwesen und Elektrometallurgie der Rhein.-Westf. Technischen Hochschule Aachen
Untersuchungen über die Dichte und die elektrische Leitfähigkeit von Schmelzen der Systeme $CaO-Al_2O_3-SiO_2$ und $CaO-MgO-Al_2O_3-SiO_2$
1966. 44 Seiten, 23 Abb., 6 Tabellen. DM 30,—

HEFT 1644
Dipl.-Ing. Ralf Fangmeier und Dr. phil. Wolfgang Wepner, Max-Planck-Institut für Eisenforschung, Düsseldorf
Versuchseinrichtung und Versuche zur Erholung eines austenitischen Stahles nach plastischer Verformung bei 4,2° K
1966. 31 Seiten, 5 Abb. DM 18,40

HEFT 1659
Prof. Dr.-Ing. Wilhelm Patterson und Dr.-Ing. Dietmar Boenisch, Gießerei-Institut der Rhein.-Westf. Technischen Hochschule Aachen
Die Wasserbindung an Tonen und ihre Bedeutung für die Fertigkeit des Gießereiformsandes

HEFT 1695
Dr. rer. nat. Dietrich Meinhardt, Max-Planck-Institut für Eisenforschung, Düsseldorf
Strukturbestimmung durch Kernstreuung und magnetische Streuung thermischer Neutronen
1966. 44 Seiten, 14 Abb., 11 Tabellen. DM 32,30

HEFT 1743
Dr.-Ing. Alfred F. Steinegger und Dipl.-Ing. Siegfried Jentzsch, Gesellschaft zur Förderung der Glimmentladungsforschung e. V., Köln. – Direktor: Prof. Dr. Martin Schmeisser
Das Verhalten ionitrierter Oberflächen beim statischen Torsionsversuch *In Vorbereitung*

HEFT 1745
Dr. phil. nat. Gerhard Zapf, Dipl.-Ing. Jörg Niessen und Ing. Rudolf Reinstadtler, Forschungsgemeinschaft Pulvermetallurgie e. V., Schwelm
Untersuchung über die Wärmebehandlung legierter Sinterstähle mit Kupfer und Nickel als Legierungselemente *In Vorbereitung*

HEFT 1746
Dipl.-Phys. Franz-Rudolf Block, Roetgen, Prof. Dr.-Ing., Dr.-Ing. E. h. Hermann Schenck, Aachen, und Dozent Dr.-Ing. Werner Wenzel, Aachen, Institut für Eisenhüttenwesen der Rhein.-Westf. Technischen Hochschule Aachen
Der Gegenstromwärmeaustausch in Wirbelbetten
In Vorbereitung

HEFT 1752
Priv.-Doz. Dr.-Ing. Günther Woelk, Institut für Industrieofenbau und Wärmetechnik im Hüttenwesen der Rhein.-Westf. Technischen Hochschule Aachen
Ein Näherungsverfahren zur numerischen Berechnung instationärer Temperaturfelder
In Vorbereitung

HEFT 1753
Prof. Dr.-Ing. Helmut Winterhager und Dr.-Ing. Roland Kammel, Institut für Metallhüttenwesen und Elektrometallurgie der Rhein.-Westf. Technischen Hochschule Aachen
Über die Metallgehalte in den Schlacken des Bleischachtofenprozesses und ihr Verhalten im elektrischen Feld *In Vorbereitung*

Verzeichnisse der Forschungsberichte aus folgenden Gebieten können beim Verlag angefordert werden:
Acetylen/Schweißtechnik – Arbeitswissenschaft – Bau/Steine/Erden – Bergbau – Biologie – Chemie – Druck/
Farbe/Papier/Photographie – Eisenverarbeitende Industrie – Elektrotechnik/Optik – Energiewirtschaft – Fahr-
zeugbau/Gasmotoren – Fertigung – Funktechnik/Astronomie – Gaswirtschaft – Holzbearbeitung – Hütten-
wesen/Werkstoffkunde – Kunststoffe – Luftfahrt/Flugwissenschaften – Luftreinhaltung – Maschinenbau –
Mathematik – Medizin/Pharmakologie – NE-Metalle – Physik – Rationalisierung – Schall/Ultraschall – Schiff-
fahrt – Textilforschung – Turbinen – Verkehr – Wirtschaftswissenschaften.

WESTDEUTSCHER VERLAG · KÖLN UND OPLADEN
567 Opladen/Rhld., Ophovener Straße 1–3

If you have any concerns about our products,
you can contact us on
ProductSafety@springernature.com

In case Publisher is established outside the EU,
the EU authorized representative is:
**Springer Nature Customer Service Center GmbH
Europaplatz 3, 69115 Heidelberg, Germany**

Printed by Libri Plureos GmbH
in Hamburg, Germany